伴侶種宣言

犬と人の「重要な他者性」

ダナ・ハラウェイ
永野文香 訳

Donna Haraway
The Companion Species Manifesto
Dogs, People, and Significant Otherness

以文社

THE COMPANION SPECIES MANIFESTO
by Donna Haraway

Japanese translation published by arrangement with
Prickly Paradigm Press, LLC, Chicago, Illinois, U.S.A.
through The English Agency (Japan) Ltd.

伴侶種宣言　目次

装幀＝桂川 潤

伴侶種宣言　犬と人の「重要な他者性」

ラステンとわれわれの伴侶たちに

創発する自然‐文化

Emergent Naturecultures

「スポーツ記者の娘のノート」より[*1]

　ミズ・カイエンヌ・ペッパーはわたしの全細胞に入植しつづける。これはまちがいなく生物学者リン・マーギュリスがシンビオジェネシス（symbiogenesis）と呼んだ現象である。[*2] DNAを調べれば、わたしたちのあいだには強力なトランスフェクション[*3]が観察されるだろう。カイ

＊1　「スポーツ記者の娘のノート（Notes of a Sports Writer's Daughter）」はハラウェイが一九九九年から友人にメールで配信していた一連の日記風エッセイ。原文はハラウェイとパートナーであるラステン・ホグネスの共同サイト http://www.doggery.org/ で読むことができる。ハラウェイ『犬と人が出会うとき――異種協働のポリティクス』〔高橋さきの訳、青土社、二〇一三年。原著 *When Species Meet* (U of Minnesota P, 2008)〕第七章も参照。

エンヌの唾液には、きっとウイルスベクター[*4]が存在するにちがいない。舌をすばやく動かす彼女のキスが抗しがたいほど魅力的なのもなるほどというものだ。わたしたちはともに脊椎動物門に分類される。だが、属（genera）も科（families）も、目（もく）（orders）まで異なっている。

どうやって分類したらいいのだろう。イヌとヒト。ペットと教授（プロフェッサー）。メス犬（ビッチ）と女（ウーマン）。動物と人間。アスリートとその指導手（ハンドラー）。一方は個体識別のため、首の皮膚の下にマイクロチップを埋め込まれている。もう一方はカリフォルニア州運転免許という写真付身分証をもっている。片方は二十世代さかのぼる先祖の文書記録をもっていて、もう片方は曾祖父母の名前さえ知らない。わたしたちの片方は大規模な遺伝子的混交の産物であるにもかかわらず「純血種」と呼ばれ、もう片方はおなじくらい大規模な混交の産物であるのに「白人」と呼ばれている。これらの名称はそれぞれ種族的（racial）な言説を意味しており、わたしたちはそれぞれ、その帰結を肉体のなかに継承している。

わたしたちの片方は燃え立つような若々しい身体的到達の頂点にいる。もう片方は元気そのものだとはいえ、もはや下り坂だ。わたしたちはいっしょにアジリティーというチーム競技をおこなう。その場所は、カイエンヌの先祖がかつてメリノ種のヒツジの番をしていたのと同じ、強制収用された先住民の土地である。そして、そのヒツジはゴールド・ラッシュでカリフォルニアへ殺到したフォーティーナイナーズの食糧として、当時すでに植民地化されていたオーストラリアの牧畜経済から輸入されてきたものであった。こうした歴史の諸層、生物学の諸層、そしてさまざまな自然 - 文化（natureculture s）の諸層が重なりあうなかで、複雑性こそがわたしたちのゲームの名前〔至上目的〕である。わたしたちはともに自由を渇望する大陸征服の子孫であり、白人開拓者がつくった植民地の産物であり、そして、いっしょに競技場のハードルを飛び越え、トンネルをくぐりぬけていく。

　わたしたちのゲノムが、本来よりも似通っていることについては確信がある。わたしたちの接触にはなんらかの分子的記録があって、それは生物の遺伝暗号としてこの世界に痕跡を残すにちがいない。たとえ、わたしたちの片方は加齢のため、もう片方は不妊手術によって、それ

＊2　Lynn Margulis (1938-2011) は、一九七〇年代に、真核生物は異なる種の共生から進化したとする細胞内共生説を唱えたアメリカの生物学者。シンビオジェネシスとは、二つの別個の有機体が統合され、新たな有機体を形成することを指す。たとえば、葉緑体やミトコンドリアの起源は、宿主に他の生物が細胞内共生したものであることがわかっている。

＊3　生物工学において、ウイルスなどの分離した核酸を細胞に感染させ、増殖させること。

＊4　細胞外から内部へ遺伝子を導入する「運び屋」。遺伝子組み換えにおいて目的の遺伝子を受容菌に運び込むDNAを指す。

ぞれ再生産という意味では沈黙した女だとしても、だ。このレッドマール〔赤灰のまだら模様〕の毛色をしたオーストラリアン・シェパードは、これまでに、その敏捷な舌を使ってわたしの扁桃腺組織を活発な免疫系受容体もろとも採取してきた。わたしの化学受容体は彼女のメッセージをいったいどこへ運んだというのだろう。自己と他者を区別しつつ、外部と内部をむすびつけるために、彼女はわたしの細胞システムから何を取り入れたというのだろうか。

わたしたちは禁じられた会話を交わしてきた。口と舌で交渉してきた。そして、わたしたちは事実だけをもちいて次から次へ話をすることに熱中している。自分たちですらほとんど理解できないコミュニケーションを相互に訓練しているのである。わたしたちは、そのなりたちからして、伴侶種（companion species）である。わたしたちはおたがいを、その肉のなかに、つくり上げる。具体的な差異において、相互に著しく他者である（significantly other）わたしたちは、肉体に愛という、たちのわるい発達性の感染をあらわして（シグニファイ）いる。そして、この愛は歴史的な倒錯であり、自然‐文化において継承されてきた遺産なのである。

この宣言（マニフェスト）は、こうした倒錯と遺産から生じる二つの問題を探っていく。（一）犬‐人間の諸関係をまじめにとらえることから、いかにして〈重要な他者性（significant otherness）〉[*5]に全力で取り組む倫理と政治が学べるのか。そして、（二）犬‐人間界にかんする物語をつうじて、いかに自然‐文化にとって歴史が問題＝物質（マター）なのだということを、脳に損傷を負った米国人や、おそらく米国人ほどは歴史障害に陥っていないほかの人びとに納得してもらうことができるのか。

『伴侶種宣言（コンパニオン・スピーシーズ・マニフェスト）』は私的文書であり、あまりに多くの未知領域への学術的侵略であり、グローバル戦争の瀬戸際に立たされた世界で希望をつなぐ政治的行為であり、原理上、永久に進行中の作品である。わたしは犬の歯型がついた小道具やら未熟な議論やらをつかって、この時間、この場所において、学者として人間としてわたしが非常に大切だとおもっている物語を再構成してみたい。ここで話すのはおもに犬にかんすることである。その説明には情熱をもって取り組んでいるから、読者を命がけで犬舎へお連れできたら嬉しいとおもっている。だが、犬嫌いのかた――あるいは、もっと高尚なことを考えていらっしゃるかた――であっても、わたしたちが暮らしていく諸世界にとって問題＝物質になる議論や物語をきっと見出してくれることだろう。それ

＊5　“significant other”とは文字通り「重要な他者」であり、特に「大切な人、恋人、配偶者」を指す。したがって、「重要な他者性」というハラウェイの鍵概念には「重要な他者‐性」と「著しい‐他者性」、すなわち、かけがえのないパートナーであることと、それにもかかわらず互いに無視できない他者性を有していることという、二重の意味が仕掛けられている。

が人間のものであっても非人間のものであっても、犬たちの世界における諸実践（プラクティス）や諸アクター[*6]はテクノサイエンス研究において中心的な関心なのだから。だが、もっと正直にいうと、わたしは読者のみなさんに、犬にかんする書物がフェミニスト理論の一部門になりうる（その逆でもいい）とわたしが考える理由を知っていただきたいのである。

これはわたしにとって初めての宣言ではない。一九八五年、わたしは「サイボーグ宣言」[*7]を発表し、テクノサイエンスにおける同時代的生の内破についてフェミニスト流に理解してみようとこころみた。サイボーグとは「サイバネティック有機体」のことであり、一九六〇年代、すなわち宇宙開発競争や冷戦、技術的人間中心主義（テクノヒューマニズム）という帝国主義的幻想が政策や研究プロジェクトへ次々実現された文脈において名付けられたものである。前宣言のなかで、わたしは批評的にサイボーグに棲まおう（inhabit）とした。祝福するのでもなく糾弾するのでもない。宇宙戦士が決して思い描くことのなかった目的のために、皮肉な奪用（appropriation）の精神にもとづいてそうしたのである。このあたらしい宣言では、共棲（co-habitation）や共進化（co-evolution）、そして具体化された異種間社会性について語りながら、このふたつのちぐはぐな形象（フィギュア）――サイボーグと伴侶種――のうち、どちらが現在の生命世界において生に値する政治学や形而上学に寄与できるのかを問う。ふたつの形象は正反対などではない。サイボーグと伴侶種はどちらも、人間と人間ならざるもの、有機的なものと技術的なもの、炭素とシリコン、自由と構造、歴史と神話、富者と貧者、国家と主体、多様性と枯渇、モダニティとポストモダニティ、自然と文化とを、予想もしないかたちで結びつける。それに、種の境界をしっかり守り、カテゴリーから逸脱するものを断種しようとのぞむ心の純真な向きには、サイボーグも伴侶動物も、さぞかしご不満な存在だろう。だが、そうした共通点にもかかわらず、もっとも政治的に正しいサイボーグとただの犬とのあいだの差異は問題＝物質（マター）なのである。

一九八〇年代なかば、レーガンのスターウォーズ時代にフェミニストの仕事をするにはサイボーグはたいへんありがたい存在だった。しかし、ミレニアムが終わるころ、サイボーグはきち

＊6　「アクター」は、テクノサイエンス研究者ブルーノ・ラトゥールらが提唱した「アクター・ネットワーク理論（ＡＮＴ）」の鍵概念。ＡＮＴでは人間のみならず、非人間のモノも、社会システムや社会ネットワークに参加して行為をおこなう同位のアクターとし、そうした人間／非人間のアクターの相互関係によって事象を説明する。

＊7　"A Manifesto for Cyborgs: Science, Technology, and Socialist Feminism in the 1980s," *Socialist Review* 80 (1985) : 65-108. 後に *Simians, Cyborgs, and Women: The Reinvention of Nature* (New York: Routledge, 1991)〔高橋さきの訳『猿と女とサイボーグ――自然の再発明』青土社、二〇〇〇年〕に収録。邦訳は巽孝之編『サイボーグ・フェミニズム【増補版】』（水声社、二〇〇一年）でも読める（小谷真理訳）。

んとした牧羊犬ほどには批評的探求に必要なより糸（スレッド）をまとめることはできなくなっていた。それでわたしは嬉々として犬にかまけ、現在の科学研究やフェミニズム理論に役立つ道具を手作りすべく、犬舎の誕生[*8]を探究することにしたのである。現代は、水に根ざした地球上の全生命の炭素収支政治のなかで、これまで生に値するよう成長してきた自然‐文化を、二次的な茂み（ブッシュ）が駆逐してしまうおそれのある時代である。わたしはずいぶん長いあいだ「地球サバイバルのためにサイボーグを！」という緋文字を身につけてきたが、いま新しい烙印を自分に押す。それはさしずめ、たったひと咬みですら死刑宣告になりかねないドッグスポーツ、シュッツフント競技[*9]に参加する女性たち以外には、考えつかないスローガンだろう。「速く走れ、しっかり咬め！」

　これは生権力（biopower）と生社会性（biosociality）の物語であり、テクノサイエンスの物語である。きちんとしたダーウィン主義者がそうであるように、わたしも進化の話をする。辛辣（アシッド）な（または核酸（ニュークリイック・アシッド）の）至福千年説といった趣向で、分子的差異の話をしよう。だが、それはネオ植民地主義版『アフリカの日々』的なミトコンドリア・イヴというよりは、「偉大な生涯の物語〈イエス・キリスト伝〉」のなかでふたたび自身を作り上げ復活する男＝人（マン）の前に立ちふさがった、最初のイヌ科のあばずれ（ビッチ）のミトコンドリアたちに由来している。それらのメス犬（ビッチ）たちは「偉大な生涯の物語」のかわりに、伴侶種の歴史、つまり、非常にありふれた日常的なたぐいの話

――それも誤解や達成や犯罪や現在進行形の希望にあふれた物語をしつこくもとめたのだ。わたしが語るのは、諸科学の徒であり、特定世代のフェミニストである者の物語、それも文字通り犬にかまけた者の物語である。犬は、その歴史的複雑性ゆえに、ここでは問題＝物質（マター）である。犬はほかの主題のアリバイではない。犬はテクノサイエンス体系において、生身の物質‐記号的存在（material-semiotic presences）なのである。犬は理論の代理ではない。犬たちはともに考えるために存在するだけではなく、ともに生きるために存在するのだから。人類進化という犯罪のパートナーである犬たちは、コヨーテのように狡猾に、はじめからその園（ガーデン）にいたのである。

＊8　原文は“the birth of the kennel”であり、フーコー『監獄の誕生』（英訳 *Discipline and Punish: The Birth of the Prison*）〔田村俶訳、新潮社、一九七七年。原著 *Surveiller et punir: Naissance de la prison* (Gallimard, 1975)〕のもじり。

＊9　シュッツフントは犬がハンドラーの命令にしたがって課題をこなすドイツ発祥のドッグスポーツ。「追求」「服従」「防衛」の三科からなり、警察犬や災害救助犬などの作業犬としての能力をはかる目安にもなる。

抱握（ほうあく）

Prehensions

この宣言では、プロセス哲学の諸理論が犬たちとともに歩く助けになっている。たとえば、アルフレッド・ノース・ホワイトヘッド[*1]は、「具体的（コンクリート）なもの（the concrete）」とは「抱握の合生（コンクレセンス）（a concrescence of prehensions）」であると述べた。彼にとって、具体的なものは「現実的生起（actual occasion）」を意味したのである。実在（reality）はひとつの動作動詞であって、名詞はどれもタコより多くの付属肢をもつ動名詞のようだ。諸存在は相互の内部に手を伸ばしあい、「抱握」や把握をつうじて、おたがいと自己とをいっしょに構成する。諸存在は相互の係わりあい（relatings）に先んじて存在しえない。「抱握」が帰結を伴うのである。世界は、動きつづける結び目なのだ。したがって、生物学的決定論や文化的決定論は、ともに置き違えた具体物の例にほかならない。そうした決定論は、第一に、暫定的かつ局所的（ローカル）なカテゴリーの抽象にすぎない「自然」や「文化」を世界そのものと取り違えており、第二に、いまだ潜在的な帰結を、先行存在した基礎づけと取り違えているのである。あらかじめ構成された主体や客体などないし、単一の起源（ソース）も、一元的なアクターも、最終的な目標もない。ジュディス・バトラーの言葉を借りれば「偶発的な基礎づけ」しかないのである。[*2] 問題＝物質（マター）となる身体[*3] は、結果なのだ。諸行為体（エージェンシー）がおりなす動物寓話集や、係わりあいの種類の多さ、流れた時間の長さは、もっとも奇異なバロック宇宙論者の想像すら凌駕するだろう。わたしにとって、それこそ伴侶種のあらわす（シグニファイ）ことなのである。

わたしのホワイトヘッドへの愛は生物学にルーツがあるが、それ以上に、わたしが経験してきたフェミニスト理論の実践に根ざしたものだといえる。このフェミニスト理論は、予型論的（タイポロジカル）思考や二項対立的な二元論、さまざまな趣向の相対主義や普遍主義を拒絶する点において、出現＝創発（emergence）、過程（プロセス）、歴史性、差異、特異性（specificity）、共棲、相互構成（co-constitution）、偶

＊1　Alfred North Whitehead (1861-1947) はイギリスの数学者、哲学者。『科学と近代世界』(*Science and the Modern World*, 1925)〔上田泰治・村上至孝訳、松籟社ほか〕や『過程と実在』(*Process and Reality*, 1929)〔山本誠作訳、松籟社ほか〕を参照。

＊2　Judith Butler, "Contingent Foundations: Feminism and the Question of 'Postmodernism'," *Praxis International* 11. 2 (July 1991): 150-65〔中馬祥子訳「偶発的な基礎付け——フェミニズムと「ポストモダニズム」による問い」『アソシエ』3号（二〇〇〇）：二四七〜七〇頁〕を参照。

＊3　原文は "bodies that matter" であり、バトラーの同題主著（*Bodies That Matter: On the Discursive Limits of "Sex"* (New York: Routledge, 1993)〔邦訳は以文社より近刊予定〕への引喩。なお、同書序文には、最初のエピグラフとしてハラウェイ「サイボーグ宣言」からの引用が掲げられている。

発性にかんする充実した取り組みを可能にしている。相対主義と普遍主義の両方を拒絶したフェミニストは数多い。主体、客体、種類（kinds）、種族（races）、種、ジャンル、そしてジェンダーといった概念はこうしたフェミニストの係わりあい＝説明（relating）が生んだものである。権力による惨害や生産性とは無縁の、すてきでスイートな――「女性的（フェミニン）」な――諸世界や知を見つけるなんてことは、こうした仕事とは一切無縁である。フェミニストが探究するのはむしろ、物事がどのように動き、誰が行動（アクション）のなかにいて、何が可能なのかということ。どうしたら現実世界のアクターたちが少しでも非暴力的なかたちで相互に説明責任を果たし、愛しあうことができるか、ということとなのだ。

たとえば、独立後のナイジェリアでヨルバ語・英語併用の小学校の算数授業を研究し、また、オーストラリアのアボリジニによる数学教育と環境政策のプロジェクトに参加したヘレン・ヴェラン[*4]は「創発＝緊急的存在論（emergent ontologies）」を確認している。ヴェランが問うのは「シンプルな」質問である。異なる知の実践に根ざした人びとはいかにして「相乗り」できるのか。とりわけ、政治的にも、認識論的にも、道義的にも、お手軽な文化相対主義を選択するわけにいかない状況で、いかにしてその「相乗り」が可能になるのだろうか。あるいは、差異を重視することに心身を捧げているポストコロニアル世界において、一般的な知はどのように涵養されうるだろうか。こうした質問に対する答えを取りまとめられるのは、創発＝緊急的実践においてほかない。つまり、調和しえない数々の行為体や生活様式があるとき、それぞれが継承した全く異質な歴史と、可能性はきわめて低いが絶対的に必要な共同の未来との両方に対して説明責任を果たすようなかたちで、それらを寄せ集められるような仕事、すなわち、繊細な現場仕事のことである。わたしにとって、それこそが〈重要な他者性（シグニフィカント）〉のあらわす（シグニファイ）ことである。

サンディエゴで生殖補助医療の実践を、その後ケニアで自然保護科学・政策を研究したカリス・（カッシンス・）トンプソン[＊5]は「存在論的コレオグラフィー（ontological choreographies）」という用語を提案している。存在のダンスの筋書きは、単なるメタファー以上のものである。自己の確かさや人間中心主義的（ヒューマニスト）イデオロギーや有機体論的イデオロギーを頼りにしていては、倫理学にも政治学にも、ましてや個人的経験にはとてもたどりつけない、そのような過程（プロセス）において、人間

＊4 Helen Verran はオーストラリアの科学史家、科学哲学者、チャールズ・ダーウィン大学教授。著書に *Science and an African Logic* (Chicago: U of Chicago P, 2001) など。

＊5 Charis (Cussins) Thompson はアメリカの環境学者、生命科学者、カリフォルニア大学バークリー校ジェンダー・女性学部教授。ハラウェイの教え子でもある。生殖補助産業を研究した *Making Parents: The Ontological Choreography of Reproductive Technologies* (Boston: MIT, 2005) でレイチェル・カーソン賞（二〇〇七年）。

の身体も非人間の身体も、分解され、組み立てられるのだ。

さらに、マリリン・ストラザーン[*6]は、パプア・ニューギニアの歴史や政治を数十年にわたって研究した経験と、英国における血縁重視の習慣を調査した経験をもとに、「自然」と「文化」を両極端なものと考えたり普遍的なカテゴリーととらえたりすることがどうして馬鹿げているのかを、わたしたちに教えてくれた。ストラザーンは、親族関係カテゴリーのエスノグラファーとして、別の位相で考える方法を示してくれたのである。わたしたちは、二項対立のかわりに、現代幾何学者の熱い頭脳が相対論を描くあのスケッチ帳をまるごと手に入れるのだ。ストラザーンは「部分的な繋がり（partial connections）」、すなわちプレイヤーが全体でも一部でもないようなパターンから思考する。わたしはこれを〈重要な他者性〉の諸関係と呼びたい。ストラザーンは自然‐文化のエスノグラファーだと、わたしは考えている。異種間対話のために犬舎へお招きしたら、彼女も喜んでくれるだろう。

フェミニスト理論家にとって大事なのは、まさに世界にいる人、世界にある物である。これはたいへん頼もしい哲学的な餌だ。それ目当てに、わたしたちはみな、あらゆる細胞のDNAに化学的に刻み込まれた重畳たる地質学的時間（ディープタイム）においても、あるいは、もう少し生臭い痕跡を残した最近の動向においても、伴侶種を理解するトレーニングを重ねていけるだろう。古臭い言葉でいえば、『伴侶種宣言』は数多くの現実的生起の抱握を合生することによって可能になった、親族関係の主張である。伴侶種は偶発的基礎づけに支えられている。

そして、自然と文化をきちんと区別できない堕落した園丁（ガーデナー）が世話した作物のように、わたしの親族ネットワークのかたちは、樹木というよりも、入り組んだ格子垣（トレリス）や遊歩道のように見える。ここでは上下の区別がつかず、あらゆるものが脇道に逸れていく。その脇へうねっていくヘビのような流れが、わたしの主題のひとつである。わたしの庭園（ガーデン）はヘビだらけであり、格子垣や回り道ばかりなのだ。進化論的な集団生物学や自然人類学の教えから、わたしは多方向への遺伝子流動——身体や価値の多方向への流動——こそが、これまでも、そしていまでも、地球上の生のゲームの名前〔至上目的〕であることを知っている。そしてそれは犬舎へも流れ込む。ほかのことはさておき、人類と犬とが明らかにできることといえば、比較的大きな身体をもち、世界的に

＊6　Marilyn Strathern はイギリスのフェミニスト人類学者、ケンブリッジ大学社会人類学教授（二〇〇八年まで）。主著にパプア・ニューギニアでのフィールドワークの成果をまとめた *The Gender of the Gift: Problems with Women and Problems with Society in Melanesia* (Berkeley: U of California P, 1988)。英国での生殖技術や親族関係、法と知的財産権に関する著作もある。*Partial Connections*, Updated ed. (1991; Lanham, MD: Altamira, 2004) を参照。

分布し、生態学的に新しい環境に入り込むのがうまく、群れの社会生活を営む、これら哺乳類の旅の道連れたち（コ・トラベラーズ）が、これまでゲノムのなかにカップリングや感染症をやりとりした記録を書き込んできたということ、そしてそれはもっとも自由主義に心身を捧げている交易者ですら歯を浮かせるほどのやりとりだということである。現代のガラパゴス的な純血種犬幻想においては、育種する集団を分離寸断し、受け継がれる多様性を減らそうと努力するあまり、その様子がまるで個体数激減や伝染病などの自然災害を模したモデル実験のようにみえてくることあるが、そうだとしても、たゆむことなく活発な遺伝子流動はやはり静止させることができない。この流れに心を動かされたわたしは、馴染み深いドッペルゲンガーであるサイボーグを遠ざける危険をおかしても、第三の千年紀という現代潮流においては、犬たちの方がテクノバイオポリティクスの繁みをくぐり抜けるガイドとしてより優秀であることを、読者のみなさんに説明してみたいとおもうのである。

伴侶たち Companions

　わたしが「サイボーグ宣言」で書こうとしたのは、もはや逃れようがない核以降の世界の永久的戦争装置や、その超越的かつ物質的な嘘の数々から乖離してしまうことなく、同時代テクノカルチャーの諸技能と諸実践の内部に生きながら、それらに敬意をあらわすための代理者契約、文彩（トロープ）、形象（フィギュア）であった。サイボーグは、諸矛盾のなかで、ありふれた諸実践の自然・文化によく注意し、おぞましい自己出産（self-birthing）の神話に対抗し、死すべき運命を生の条件として受け入れ、あらゆる偶発的尺度（スケール）で歴史上に出現し世界に現に存在している混成体（ハイブリディティーズ）についても、注意を怠らずに生きていくことの形象になりうる。

　しかしながら、サイボーグの再修辞化が、テクノサイエンスの存在論的コレオグラフィーに要求される修辞的（トロピック）仕事を尽くすことは、まずない。わたしはついに、サイボーグを伴侶種という、ずっと大規模で風変わり（クィア）な家族の年少のきょうだいとみなすようになった。伴侶種という家族において、再生産にかんするバイオテクノポリティクスは概して驚きであり、それはときに素晴らしい驚きにもなりうるのだ。たかだかアジリティー競技をおこなう、犬連れの米国白人中年女性であるわたしが、自動操縦された戦士たちや、テロリストたちや、その遺伝子を導入して生まれた親族たち、それも哲学研究や自然‐文化エスノグラフィーの年報に出てくるような者たちに敵うわけがないのは承知している。それに（一）自己修辞化はわたしのつとめではないし、（二）遺伝子導入生物は敵ではないし、（三）飼い犬は毛皮をもった子どもだとする西洋世界の人間の危険で非倫理的な投影の数々とは裏腹に、犬たちは〔人間の〕自己とは一切関係がない。それこそが犬の良さでもあるのだ。犬は投影ではない。何らかの意図の実現でもないし、何かの最終目的でもない。犬は犬である。つまり、人類とともに特定の環境のなかで生き、構成的かつ歴史的で、変幻自在の関係を築いてきた、あの生物種なのだ。その関係性が格別にすばらしいものだと主張するつもりはない。そこには喜びや創意工夫、労働、知性、あそびとともに、排泄物も、残酷さも、無関心や無知や喪失もあふれているのだから。わたしがしたいのは、この共歴史（co-history）を語るすべを学び、自然‐文化において共進化の帰結を継承する方法を身につけることである。

たったひとつの伴侶種というのは存在し得ない。伴侶種には最低でもふたつが必要だ。それは言語の構造のなかに、そして肉体に、書き込まれている。犬とはすなわち、避けることのできない、矛盾した関係性の物語である。それは、パートナーのどちらもその係わりあいに先んじて存在せず、その係わりあいはたった一回きりでは決して済まないような、相互構成的な関係性である。歴史的な特異性（specificity）と偶発的な変異性（mutability）が、自然と文化、そして自然‐文化にいたるまでを支配（ルール）する。基礎づけはない。ずっと下のほうまで象が象を支えているだけなのだ。

伴侶動物は伴侶種のたった一種類を構成するにすぎない。そして、そのどちらのカテゴリーもアメリカ英語では新しいものである。米国英語において「伴侶動物（companion animal）」という語は、一九七〇年代に獣医学校や関連施設における医学・心理社会学的研究のなかから登場してきた。こうした研究があきらかにしたのは、道端に放置された犬のフンのことばかり考えている犬好きではない少数のニューヨーカーたちをのぞけば、犬を飼うことは血圧を下げる効果があるうえ、幼児期や外科手術、離婚などのストレスを生き抜く可能性を押し上げるということだった。

もちろん、ヨーロッパ諸言語には、この米国における生物医学的なテクノサイエンスの文書より数世紀も前から、使役犬や競技犬ではなく、伴侶（コンパニオン）の役割を果たす動物を指す語が存在している。さらに中国やメキシコその他で、古代世界においても現代世界においても、犬は無数の仕事をこなすのみならずペットでもあったということが、文書や、考古学的資料や、口承による証拠から強力に示されている。大昔、南北アメリカでは、犬たちがさまざまな人びとの運送、狩猟、牧畜を助けていた。ほかの人びとにとって、犬たちは食料であり、毛織物の原料であった。犬関係者（ドッグピープル）は忘れてしまいたがるが、犬たちはヨーロッパ人による南北アメリカ征服においても、アレクサンダー大王が新たなパラダイムを設定した例の帝国主義的遠征においても、死をもたらす誘導兵器であり、テロ行為の道具だった。米国海軍士官としてヴェトナムで戦った経歴をもつ秋田犬ブリーダーで、ドッグ・ライターでもあるジョン・カーギル[*1]が念押ししているように、サイボーグ戦以前、犬たちが最高の知能をもった兵器システムだったことはまちがいない。猟犬の追跡は、迷子や地震被災者を救う一方で、逃亡奴隷や囚人を恐怖におとしいれてきたのである。

　犬が果たしたこうした機能をリストアップしたところで、世界中の象徴と物語にえがかれた犬の多種多様な歴史に近づくことはできない。犬たちが果たした仕事をリストしても、そこで犬がどのように扱われたのか、あるいは犬たちが人間の仲間をどのように考えていたかはわからないのだ。『初期南北アメリカにおける犬の歴史』において、マリオン・シュワルツはアメリカ・インディアンの猟犬のなかには人間とおなじように猟の準備の儀式を経験したものがいると記している。[*2]その儀式には南米のアチュア族による幻覚剤の摂取までふくまれているという。ジェイムズ・サーペルが『動物たちと伴に』のなかで説明するように、[*3] 十九世紀グレート・プレーンズ地方のコマンチ族にとって重要な実用的価値をもっていたのは馬だったが、馬たちが実利性だけを重んじて扱われた一方で、ペットとして飼われた犬たちは愛情のこもった物語として語られ、戦士たちもその死を悼んだのだった。過去にも現在にも害獣のような犬はいる。しかし、人間のように埋葬される犬も、また、存在するのである。現代のナヴァホ族の牧羊犬は、歴史的に特異（スピシフィック）＝種差的な方法で、土地や、ヒツジたちや、人間、コヨーテ、またはよその犬や人間に関わっている。世界中の都市や村、田園地方で、多くの犬たちが人間と並行して暮らしており、程度の差はあるがたいていは受け容れられていて、使役されるものも虐待されるものもいる。この歴史を一語で実物通りに表すことのできる用語などひとつもない。

こうした事情にもかかわらず、「伴侶動物」という語が南北戦争後の公有地供与を得て設立さ

---

*1 John Cargill は *Dog World* 誌などを中心に活躍するドッグ・ライター。ハラウェイがここで言及している記事は不詳。

*2 Marion Schwarz, *A History of Dogs in the Early Americas* (New Haven: Yale UP, 1997).

*3 James Serpell, *In the Company of Animals: A Study of Human-Animal Relationships* (Cambridge: Cambridge UP, 1986).

れた獣医学科のある研究施設[*4]をつうじて、米国のテクノカルチャーに入り込んできたのである。つまり「伴侶動物」は、テクノサイエンスの専門技術と、後期産業社会的なペット飼育実践を交配した血統をもっており、その民主的大多数が国産のパートナーたち、少なくとも人間以外のパートナーたちと愛しあった結果として生まれてきたことになる。伴侶動物とは端的には馬、犬、猫であり、介護犬や家族構成員、あるいは種横断的スポーツのチームメンバーがもつ生社会性（biosociality）まで飛躍する意欲さえあれば、ほかのどんな生き物を指してもよい。一般的に、人間は伴侶動物を食べない（食べられることもない）。そして、そう（つまり、伴侶動物を食べたり、伴侶動物に食べられたり）してしまう者たちに対する植民地主義的で自民族中心主義的な、歴史をふまえない非難を改めるには、苦労を要するものなのだ。

＊4 "land-grant academic institutions" は農学・工学研究施設の設置を条件に、政府から土地や財政上の助成を受ける大学や研究施設のこと。

種（スピーシーズ）

Species

「伴侶種」はその伴侶動物よりも広範で、異種から成るカテゴリーである。それはなにも伴侶種が、米や蜂、チューリップや腸内細菌叢といったさまざまな〔「動物」以外の〕有機体——それらはみな人間の生を成り立たせ、人間によってその生を成り立たされている——を含むからというだけではない。伴侶種という言葉を発することを可能にする言語学的で歴史的な発声器のなかには、四つの音色（トーン）が同時に反響している。その四つの音色を強調するために、わたしはここで「伴侶種」のためのキーワード集を書いてみたい。まず第一に、ダーウィンの忠実な娘としてわたしが強調したいのが、集団、遺伝子流動速度、変異、選択、生物学的な種といったカテゴリーをそなえた、進化生物学の歴史である。「種」が現実の生物学的実体を意味するのか、あるいは単に便利な分類箱にすぎないのかをめぐる過去百五十年の議論は、さまざまな倍音（オーバートーン）や底音（アンダートーン）を響かせている。種とは生物学的な種類にかんするものであり、そのような種類のリアリティには科学的専門知識が必要だ。しかも、サイボーグ以後、生物学的な種類とみなされるものは、先行する有機体の諸カテゴリーをゆるがす。機械的なるものとテクスチュアルなものが、有機体に不可逆的に内在するのであり、その逆もまた真なのである。

第二に、トマス・アクィナスらアリストテレス主義者たちに学んだ者として、包括（ジェネリック）的な哲学的種類および哲学的カテゴリーとしての〈種〉にも注意を怠らぬようにしたい。〈種〉とはつまるところ差異を定義づけることであり、それは原因の諸原理が奏でる複声的遁走曲（フーガ）に根ざしている。

第三に、その魂にカトリック教育の消せない印を刻まれた者として、わたしは種（species）という語から、パンとブドウ酒という両形色（species）*1、すなわち聖変化した肉体の記号のもとにある〈キリストの現存〉という教義を聞きとる。種（スピーシーズ）＝形色とは、アメリカ学術界の世俗的プロテスタント的感性や、記号論という人間科学の大部分にとってはとうてい受け容れられないような方法で、物質的なるものと記号的なるものが結びつくことを意味するのである。

第四に、マルクスとフロイトに改宗した者、あやしげな語源に目がない者として、わたしは種（スピーシーズ）のなかに悪銭、正金（スピーシー）、金、大便、汚物、富といったものの響きを聞きとる。『ラヴズ・ボディ』でノーマン・O・ブラウン*2が教えてくれたのは、大便と金、つまり原始的な糞と文明的な金属において、すなわち、正金（スピーシー）において、マルクスとフロイトが結びついているということである。わたし自身、この結びつきに出会ったのは現代米国の犬文化（ドッグ・カルチャー）においてであった。そこには熱狂的な商品文化や、愛と欲望をめぐる活気あふれる諸実践、国家や市民社会やリベラルな個人をつなぐ諸構造があり、純血種の主体や客体を形成する雑種的テクノロジーがあった。愛犬たちが日々あらたに生み出す糞（フン）と呼ばれる小宇宙的エコシステムをつまみあげるためにニューヨーク・タイムズ紙朝刊の保護フィルム——産業化学研究帝国のご提供品——を手袋がわりにするとき、わたしには、プーパースクーパー〔散歩中に犬の糞をすくうための便利グッズ〕がたいした冗談のように思えてくることがある。それはわたしを托身[*3]の歴史や、政治経済史、テクノサイエンス史、生物学史へと連れ戻すのだから。

＊1　カトリック教会の聖体の秘跡において、司教がパンとブドウ酒を聖別すると、パンとブドウ酒のすべての実体は、その外観のみを残してイエス・キリストの肉体と血に変わる。このときの聖体（イエスの肉体と血）の形式や形態、目に見える外観のことを「形色」と呼ぶ。

＊2　Norman O. Brown (1913-2002) はアメリカの古典学者、比較文学者。ウェズリアン大学、ロチェスター大学を経て、一九六〇年代末にカリフォルニア大学サンタ・クルーズ校意識史課程へ着任。詩学、神話学、精神分析学、マルクス主義思想などを講じた。*Love's Body* (New York: Random, 1966)〔宮武昭・佐々木俊三訳『ラヴズ・ボディ』みすず書房、一九九五年〕参照。

＊3　霊的なものが肉体をもって現れたという意味で、神キリストが人間の姿で現れたことを指す。プロテスタントでいう「受肉」。

以上をまとめるなら、「伴侶種」とは四声部からなる曲であり、そこにあるのは相互構成、有限性、不純、歴史性、複雑性にほかならないということである。

『伴侶種宣言』はしたがって、〈重要な他者性〉において結ばれた犬と人間の、仮借なく歴史的に特異＝種差的（スピシフィック）な共同の生における、自然と文化の内破をあつかう。多くの者がその物語に〈呼びかけ〉られる。そして、その物語は、衛生的な距離を保とうとする人びとにとっても有益なはずだ。テクノカルチャーに棲まう者たちは、まさに自然‐文化のシンバイオジェネティックな諸組織の内部において、物語上も、事実上も、いまあるわたしたちの姿へと生成する。そのことを、わたしは読者に納得していただきたいのである。

「呼びかけ（＝審問 interpellation）」という語は、フランスのポスト構造主義マルクス主義哲学者ルイ・アルチュセールの理論から借りている。彼は、近代国家において、イデオロギーを通じて「呼びかけ（hail）」られることによって、いかに諸主体（サブジェクト）が具体的な個々人から服従的地位（サブジェクト）へと構築されるかを論じた。こんにち、動物の生にかんするイデオロギー的な含意をもった語り（ナラティヴ）を通じて、動物たちはわたしたちに「呼びかけ」、動物とわたしたちがその内部で生きなければならない体制（レジーム）について説明を求めている。わたしたちの方も、動物をわたしたちの構築物であるところの自然や文化へと「呼びかけ」入れる。そのおもな帰結として、生と死、健康や病気、長寿や絶滅が付随してくる。さらに、肉体において、わたしたちはイデオロギーでは網羅することができないような方法で、お互いとともに生きている。物語（ストーリー）はイデオロギーよりも大きい。そこにこそ、わたしたちの希望がある。

この長い哲学的序文において、わたしは「スポーツ記者の娘のノート」の主要ルールを破ってしまっている。「ノート」は、わたしがスポーツ記者だった父に敬意を表して記した無愛想（ドッギッシュ）な文章で、この宣言書にもスパイスとして散りばめられているが、そもそも、この「ノート」は動物の物語そのものから脱線しないことを要請していたのだった。物語には教訓が分かちがたくふくまれていなければならない。それが、記号と肉体は一であると信じるわれわれ——実践的〔敬虔〕な、あるいはなまぐさのカトリック信者たちとその旅の道連れたち——にとって、ジャンルとしての真実がのっとるべきルールなのである。

事実をレポートし、真実の物語を語ることで、わたしは「スポーツ記者の娘のノート」を書く。スポーツ記者の仕事というのは、少なくとも昔は、ゲームの物語（ストーリー）をレポートすることであった。わたしがそれを知っているのは、子どものころ、夜遅くマイナーリーグ3Aの野球チーム、デンヴァー・ベアーズの球場の記者席に座って、父が試合の記事（ゲーム・ストーリーズ）を書いて送るのを見ていたからである。スポーツ記者の仕事は他の報道関係者よりも興味深いものだといえるかもしれない。というのも、かれらは何が起こったかを報告するときに、事実以外のなにものでもない物語を紡ぐからである。文章は鮮やかであればあるほど良い。実際、誠実に書かれたときには、文彩（トロープ）が強力であればあるほど、物語は真実になるものなのである。わたしの父はスポーツ・コラムを持ちたがらなかった。新聞業界ではコラムの方が格上とされるものだが、父が書きたかったのはゲーム・ストーリーの方だったからだ。スキャンダルを探したり、コラムというメタ・ストーリーのために特別な視点を探したりするよりも、行動（アクション）にぴったりくっつき、行動をそのまま伝えることをしたかったのである。父の信念は、事実と物語が共棲するゲームにあった。

物語と事実は和解しがたい差異による無過失離婚をしたのだというモダニスト的な信念があるが、わたしはそれに真っ向から反対する、ふたつの主要な制度の胸に抱かれて、成長したことになる。これらの制度――つまり「教会」と「新聞界」――が堕落しており、「科学」から（たえず利用されているにしても）軽蔑を受けているのは周知の通りである。だが、それにもかかわらず、真実をもとめる民衆の飽くことない渇望を養ううえで「教会」と「新聞界」を無視することはできない。記号と肉体、物語と事実。わたしの生家では生殖力のあるパートナーたちは別れることができなかった。かれらは、下世話な犬の話し方（ドッグ・トーク）でいえば、ひもでくくられていたのだ。わたしが大人になったとき、文化と自然が内破したのも無理はない。そして、その内破が最強の威力をもったのは、「伴侶種」という関係性を生き、名詞として通用しているその語を動詞として発するときにほかならない。これはヨハネが「言は肉体となった」〔「ヨハネによる福音書」第一章一四節〕という表現で言いたかったことだろうか。九回裏ツーアウト、二点を追うベアーズは走者満塁ながらも、打者ツーストライクと追い込まれた場面で、記事を送る〆切まであと五分と迫ったときの、あの感じだろうか。

わたしは「科学」の家でも育ったが、胸がふくらみはじめたころには、さまざまな「地所」同士を繋げる地下通路がどれだけたくさんあるか、あるいは実証的な知や反証可能な仮説や統合理論といった宮殿のなかに、記号と肉体、物語と事実を離さず結びつけているカップリングがいかに多く存在するかを知っていた。わたしの専攻した科学は生物学であったから、早い段階から進化、発生、細胞機能、ゲノムの複雑度、時間による形態変化、行動生態学、システム通信、認知——要するに生物学の名に値するあらゆるものの説明——が、試合の記事をまとめることや托身という難問とともに生きることと、それほどかけ離れてはいないことを学んだのである。なんらかの種類の忠実さをもって生物学をやろうとおもえば、現場の人間は物語を語らねばならないし、事実を得ねばならないものである。それから、つねに事実を渇望し、一度気に入ってしまった物語や事実がなんらかの理由で的外れだとわかったなら、それを捨てる心意気だってもたなければならない。問題＝物質となる生について、ある物語が真実に接近しているときには、良いときも悪いときもその物語に寄り添い、不調和な共鳴音もろとも継承し、その矛盾を生きなければならないのである。過去百五十年のあいだ、進化生物学という科学分野を繁栄させ、わたしの仲間たちの身体的な知への渇望を満たしてきたのは、そうした種類の忠実さではなかったか。

語源的なことをいえば、事実（facts）は遂行（performance）、行動（action）、なされた行ない（deeds done）――すなわち、なしとげられたこと（feat）を指す。[*4] つまり、事実とは過去分詞であり、すでになされ、終了し、定着し、明示され、遂行され、完成したことなのである。事実は、新聞の次の版に刷り込まれるための〆切に間に合った、というわけだ。虚構（fiction）は語源的にとても近いとはいえ、品詞と時制が異なる。事実と同じように、虚構もまた行動を指すが、虚構は装うこと（feigning）や見せかけること（feinting）であり、うまく成型し（fashioning）、形づくり（forming）、発明する（inventing）行為である。現在分詞から派生した虚構は、変遷過程にあり、討議の対象であり、終結しておらず、いまだ事実と衝突する傾向があるが、わたしたちがまだ真実であるとは知らないながらもいずれ真実と知ることになる何ものかを、わたしたちに見せてくれることも多いのである。動物たちと生き、かれら／わたしたちの物語に棲まい、関係性について真実を語ろうとつとめ、活動的な歴史に共棲すること――それこそが、伴侶種の仕事である。

伴侶種たちにとって、「関係」が分析の最小可能単位なのだ。

というわけで、わたしは近ごろ生活のために犬の物語をまとめている。すべての物語は文彩（tropes）、すなわち何かものを言おうと思えば必要になってくる修辞表現（figures of speech）を裏取引している。文彩（ギリシャ語 *trópos*）とは、逸脱すること（swerving）、躓くこと（tripping）である。あらゆる言語は逸れ、躓くものだ。まっすぐな意味などない。文彩のないやりとりこそわが本分などと考えるのは教条主義者だけである。犬にかんする話でわたしのお気に入りの文彩は「メタプラズム（metaplasm）」だ。メタプラズム〔語形変異〕は単語における変化、たとえば、文字や音節や音を足したり落としたり、ひっくり返したり置き換えることをいう。この語はギリシャ語で改変すること、再成形することを指す *metaplasmos* から来ている。メタプラズムは意図的であるなしにかかわらず、語におけるほとんどあらゆる種類の変更をも意味する、包括的（ジェネリック）な単語である。わたしがメタプラズムという語をもちいるとき、それは伴侶種たちの係わりあいの歴史における犬と人間の肉体の改変や生のコードの再成形を指している。

＊4　"feat" の現代における第一義は「偉業、功績、芸当」であるが、もともとはラテン語 *factum* から派生した "fact" の二重語であり、かつては「行動（action）」「行ない（deed）」「専門的技術、専門業（profession）」という意味もあった。

「protoplasm（原形質）」、「cytoplasm（細胞質）」、「neoplasm（新生物、腫瘍）」、「germplasm（生殖質）」といった語と比較対照してみてほしい。「メタプラズム」には生物学的な風合いがあることが分かるだろう。それこそが、言葉にかんする言葉の素晴らしいところである。肉体と記号表現（シニフィアン）、身体と言葉、物語と世界——自然-文化においてそれらは結合している。メタプラズムは肉体的な差異を生み出す間違い、躓き、文彩をあらわしうる（シグニファイ）。たとえば、核酸の塩基配列のなかで置き換えをすればメタプラズムになりうるが、それは遺伝子の意味を変え、生命の行路を変更してしまうだろう。また、犬のブリーダーたちが、異系交配を増やして近親交配を減らすなど日々の実践を再成形した原因には、「個体数」や「多様性」といった語の意味合いの変化があったかもしれない。意味をひっくり返すこと、コミュニケーションの本体を置き換えること、形を改変し再成形すること、真実を語る逸脱——わたしはとことん物語についての物語を語っているのである。グルルルル。

この宣言書は密かに犬と人間の関係以上のことを扱っている。犬と人びとは世界を形づくる（フィギュア）。明らかにサイボーグも——境界線が皮膚ではなく統計的に定義される信号とノイズの密度によって決まるような情報コードにおいて、サイボーグが機械的なるものと有機的なるものを歴史的に凝結してみせたこともふくめて——伴侶種の分類に当てはまっている。それはとりもなおさず、

図 1
〔図中文字：コンビネックス、それは吸虫と駆除剤の最高のコンビ・プレイ〕

九頭のボーダーコリーを囲いに追い込んで生の不平等をひっくり返してみせた雌ヒツジの画像が、チバガイギー社のヒツジおよびウシ用吸虫駆除剤・殺虫剤の広告を飾ったのは 1990 年代なかばのことだった。英国ナショナル・シープドッグ・トライアルのチャンピオンであるトマス・ロングトンが、ヒツジの鋭い視線（ハード・アイ）と忍び寄るカメラのもと、本人所有のランカシャー州カーンモアの牧場に立ち、素晴らしい犬たちをおさめた囲いの戸を閉じようとしている。この広告が出てしばらくしてから、コンビネックスという商品には一切触れずに、オランダの風車がエアブラシで描かれたかたちで、この光景の鏡像（ミラーイメージ）がネット上の犬界を大いに賑わわせた。誰が制作したものなのかは定かではないが、その写真には「ボーダーコリーの地獄」という実に的確なタイトルがつけられていた。オランダの風車が移植されなかったとしても、この写真はつねにサイボーグ構築であった。まず、犬たちのうちの二頭は同じ個体を違うアングルからとらえた複製（リピート）だし、後方にいる若犬たちは見えないリードで囲いのフェンスに結わえ付けられている。それに、雌ヒツジは他の写真から切り抜き合成されたものなのだ。この『伴侶種宣言』において、「ボーダーコリーの地獄」は自然 - 文化に埋め込まれた皮肉な反転を示している。数々の動物、人間、地形、企業、テクノロジーがこの冗談には勢揃いしているのだ。この写真がお気に召すのは (1) 映画『ベイブ』が好きだった人びと、そして (2) ボーダーコリー以外の牧羊犬と協働している人びとだろう。（広告冊子を送ってくれ、裏話を教えてくれたトマス・ロングトンに謝意を表する。わたしがすべてを突き止められたのは、サイエンス・スタディーズ関係者、編集者や企業関係者、ボーダーコリー関係者たちによるウェブサイトのおかげである。）

サイボーグが、犬が要求するのと同じだけの歴史や政治や倫理の問いを惹起するということである。世話、繁栄、権力における差異、時間のさまざまな尺度（スケール）といったものはサイボーグにとっても問題＝物質（マター）なのだ。たとえば、情報マシンの世代時間が人間、動物、植物の共同体および生態系がもつ世代時間と両立しうるような、労働システムや投資戦略や消費パターンを形づくるには、どのような種類の時間的尺度作り（scale-making）をすればいいのだろう。コンピュータや携帯情報端末にふさわしい種類のプーパースクーパーとはなんだろうか。少なくとも、それが、情報強者の出した環境にとって有害なゴミを、人間のゴミ漁りたちがただに等しい金額で処理（プロセス）している、メキシコやインドの電子機器廃棄場ではないことくらい、わたしたちも知っている。

芸術と工学（エンジニアリング）は伴侶種同士を関与させる諸実践のなかでも、血の繋がったきょうだいともいうべきものである。だからこそ、人間と地形のカップリングは伴侶種のカテゴリーにはやすやすと当てはまり、犬と人間のたましいを結び合わせた数々の歴史や係わりあいについて、あらゆる問いを喚起せずにおれないのである。スコットランド出身の彫刻家アンディ・ゴールズワージーはこのことをよく理解している。彼を夢中にさせるのは、生身の植物や大地、海、氷、石のなかを流れる、時間の尺度や流動である。ゴールズワージーにとって土地の歴史は生きている。しかも、その歴史は人、動物、土、水、岩の多形的な係わりあいによって成り立っている。彼の作業尺度はさまざまで、彫刻をほどこされた氷の結晶に小枝を織り込んだものから、満潮時には波に洗われる潮間帯に造られた人ひとりほどの大きさの岩の円錐群、さらに田園地方に築かれた長大な石の壁にまでおよぶ。ゴールズワージーは重力や摩擦といった力について、エンジニア的かつ芸術家的な知識を有している。その彫刻は数秒しか保たないものもあれば、何十年もの時間に耐えるものもあるが、死すべき運命と変化とが意識から離れることはない。変遷（プロセス）と消滅は――そして、生物および非生物の諸行為体（エージェンシー）はもとより、人間および非人間の諸行為体も――たんに彼の主題というだけでなく、彼のパートナーであり、素材なのである。

一九九〇年代、ゴールズワージーは『アーチ』という作品に取り組み、[*5]作家のデイヴィッド・クレイグとともに、スコットランドの牧草地帯から市場のあるイングランドの町まで、いにしえの家畜商人たちがヒツジたちを追って歩いた道をたどった。ふたりは旅をしながら、動物と人と土地にまつわる過去現在の歴史のしるしをつけるべく、赤色砂岩の自立式アーチを組立てては分解し、その様子を写真に記録した。もうそこにはない木々や小作農たちの姿も、エンクロージャー[*6]や羊毛市場の高騰の物語も、何世紀にもわたるイングランドとスコットランドの緊張関係

---

*5　Andy Goldsworthy and David Craig, *Arch* (New York: Abrams, 1999).

も、働く牧羊犬と雇われ羊飼いがスコットランドに生じてくる可能性の諸条件[7]も、ヒツジたちが牧草を食みながら剪毛や屠殺へ歩いていく様子も――それらすべてが地理と歴史と自然史を結びつける移動型の岩のアーチによって記念されるのである。

ゴールズワージーの『アーチ』に暗黙のうちに登場している〔スコットランド原産の〕コリー犬は「名犬ラッシー　家路」というより「小屋住み農民(コターズ)は出て行け」という話に近いものである。少なくとも、それは二〇世紀末に英国でたいへんな人気を博した、優秀な働く牧羊犬であるスコットランドのボーダーコリーを扱ったテレビ番組の、可能性の条件のひとつだった。一九世紀末から厳しいシープドッグ・トライアル[8]を経て遺伝的に形づくられてきたこの犬種が、いくつもの大陸でこの競技を有名にしてきたのも当然というものだ。わたしの人生においてアジリティー競技を支配しているのも、同じ犬種の犬たちなのだ。そして、その同じ犬たちが、大量に捨てられ、献身的なボランティアに救助されたり、あるいは動物保護施設(シェルター)で殺処分されたりしている。才能あふれる犬たちを紹介する人気テレビ番組を見ていた人びとが、ペット市場に殺到し、市場のほうもその需要を満たすべく膨れ上がるからである。だが、衝動買いした人たちがすぐ気づくのは、自分たちがいっしょに暮らしているのが大まじめなボーダーコリーたちであって、その犬たちが必要とする十分な仕事を自分たちには与えてやれないということなのだ。それでは、この物語のどこに、雇われの羊飼いや食糧と繊維を生み出すヒツジたちの労働を位置づけることができるだろう。どれだけ多様な方法で、わたしたちは近代資本主義の激動の歴史を肉体に継承しているのだろう。

こうした死すべき運命を負った有限の流動――それはつまるところ異種から成る関係性であって、「人=男（マン）」のためにあるものではない――のなかで、いかに倫理的に生きるべきかという問いは、ゴールズワージーの芸術につねに織り込まれている。彼の芸術は、ある土地の特異な（スピシフィック）人間居住にきっちり即してはいるが、だからといって人間中心主義的（ヒューマニスト）芸術でも、自然中心主義的（ナチュラリスト）芸術でもない。それは、自然-文化の芸術なのだ。そこでは分析の最小単位は関係であり、それはつまり、あらゆる尺度（スケール）における〈重要な他者性〉のことである。そして、これこそが倫理的な、

＊6　中世末期から近代にかけて、特に英国でさかんに行われた土地の囲い込み。それまで共同利用が認められていた耕作地や放牧地を、領主や大地主が柵などで囲い込み、私有地化して、農民を追い払ったこと。その結果、毛織物工業が発展し、大規模農場による農業資本主義が加速するなか、土地を失った農民は農工業労働者に転落した。

＊7　「可能性の条件」はカント哲学の概念で、なにものかが成立するために前提として想定される条件や枠組みを指す。

＊8　牧羊犬競技。ヒツジを誘導する正確さやタイムを競う。

おそらくはより良いかたちでの、注意の向け方のモードであり、人と犬の長い共棲にアプローチするときに欠かせない態度なのである。

したがって、『伴侶種宣言』でも、こうしたパートナーたちが肉体と記号においていまのわれわれへと生成するのに欠かすことのできなかった、〈重要な他者性〉における係わりあいについて語りたいとおもう。このあとにつづく進化や愛やトレーニングや種類や犬種についての犬が主役の長話（シャギー・ドッグ・ストーリー）は、この惑星上で人間とあらゆる尺度の時間、身体、空間にわたって創発してきた多くの種（しゅ）たちとともに、よりよく生きるにはどうしたらいいかという問題を考えるうえで、わたしの助けになっているものである。わたしが差し出す説明は、システマティックというよりは風変わりで暗示的なもの、思慮深いというよりむしろ偏向的でもあって、しかも、わかりやすく明示的な前提ではなく偶発的な基礎づけに基づいたものである。わたしは犬についての物語を語るが、犬は伴侶種の大いなる世界においていちプレイヤーにすぎない。それに、この宣言書では部分が積み上がって全体を成すことはない――ちょうど自然-文化における生がそうであるように。そのかわり、わたしはマリリン・ストラザーンのいう「部分的な繋がり」を探してみたいのだ。それはすなわち、相乗りするために必要な反直観的幾何学や不調和な翻訳行為のことであり、そこでは、自己の確かさや不死のやりとりといった、神のトリックは選択肢にないのである。

進化の物語

Evolution Stories

わたしの知り合いはみな犬の起源の物語が大好きだ。熱心な消費者にとっては重要性がもりだくさんだし、高尚なロマンスと地道な科学がごちゃごちゃに混ざっているのだから無理もない。こうした物語にあふれているのは、人類の移動や交流の諸史、テクノロジーの性質、「野生」の意味、植民者と被植民者の諸関係である。愛犬が自分を愛してくれているか判断する方法や、動物同士または人間と動物を比較して知能を測る尺度はどうやって選ぶのか、人類は犬の主人なのか犬に騙されているだけなのか、といった事柄も、地道な科学的報告に付随してくることがある。犬種の衰退や進歩性を査定するとか、犬の習性は遺伝によるのか育て方によるのか判定するとか、あるいは、古めかしい解剖学者や考古学者の主張と最近流行りの分子生物学の魔術師たちの主張はどちらが正しいのか裁定したり、犬の起源を新世界か旧世界か確定しようとしたり、わんこの先祖を現代では絶滅危惧種として残るばかりの高貴なハンターであるオオカミや、ただの里犬（ヴィレッジ・ドッグ）によく似た、尻をへこませた腐食動物として想像したり、ミトコンドリアDNAにいまも生きつづけている一頭または複数のイヌのイヴや、あるいはひょっとしたらY染色体上にイヌのアダムがみつかるのではないかと期待を寄せること——こういったことがすべて争点になっているのである。

わたしが本書のこのセクションを書いている今日、『サイエンス』誌に犬の進化とその家畜化の歴史にかんする三本の論文が発表されたというニュースが、PBSからCNNまで大手報道局で一斉に報じられた。すると、わずか数分のあいだに、数えきれないほどの犬界のeメール・リストがその研究の意味あいについての議論で沸騰した。ウェブサイト群が大陸を越えてサイボーグ世界にニュースを届けているころ、旧来の読者はニューヨークや東京やパリやヨハネスブルクで、日刊紙の記事を追っていた。だが、科学的な起源物語をこんなふうに仰々しく消費するとき、いったい何が起こっているというのだろう。そして、こうした科学的説明はわたしたちが伴侶種という関係を理解するのにどう役立つのだろうか。

現代の生命科学においては、類人猿、とりわけヒト科動物の進化の説明がもっとも悪名高い闘鶏場（コックファイト）といえるかもしれない。だが、イヌの進化というフィールドも、人間の科学者やポピュラー・ライターたちのあいだで、見事な大げんか（ドッグファイト）には事欠かない。地球上にいつどうやって犬があらわれたのかについて新説が出れば、必ずといっていいほど批判されるし、どの説明も党派主義者たちに私物化されずにはすまない。そして、一般大衆的な犬の世界においても、専門家の世界においても、争点はふたつの要素から成っている。（一）西洋の言説とその親戚の言説において、何が自然とみなされ、何が文化とみなされるのか。それから（二）誰が、何が、アクターとみなされるのか。こうした論点は相互に関係しており、テクノカルチャーにおける政治的行動、倫理的行動、感情的行動を考えるとき、問題＝物質（マター）になる。わたしは、犬の進化の物語世界における、いち党派主義者として、物語から多形的な美しさと残忍さを取り落とすことなく、共進化と相互構成を語る方法を探してみたいとおもう。

当初栄誉に浴したブタを押しのけて、現在、犬は最初の家畜であると言われている。人間中心主義的（ヒューマニスト）なテクノ好きは、家畜化を、男性的な、片親的な、そして自己出産的な連合関係行為として記述する。つまり、犬の家畜化によって人＝男（マン）は道具を発明（創造）しつつ、反復的にかれ自身を作り上げているのである。家畜化された動物は時代を画すツールであり、その肉体のなかに人間の意図を実現してくれる、下働き版（ドッグズボディ）の自慰行為（オナニズム）なのだ。人＝男は、（自由の身の）オオカミをつかまえてきて（下僕の）犬を作り、文化を可能にしたのだ、と。犬舎の雑種版ヘーゲルとフロイトだろうか。進歩——お好みによっては破壊——がエスカレートする物語のなかで、人間の意志に服従する栽培植物種や家畜種は、ぜんぶ犬に代表させてしまおう、というわけだ。ディープ・エコロジストたち[*1]はこうした物語を「文化へと堕落するまえの荒野」を称揚するため、熱烈に信じ込んでは腐している。その態度は、ちょうど人間中心主義者たちが、文化に対する生物学の侵入を撃退するために、こうした物語を信じ込むのとなんら変わりがない。

犬舎はもちろん、いたるところで分散型（distributed）のものがゲームの名前〔至上目的〕になっている近年では、こうした伝統的な説明が、全面的に改訂されている。一時的な流行だとはわかっているが、わたしはこのメタプラズム的な、改変されたバージョンのほうを好む。それは犬（と他の生物種たち）に家畜化へ向けて最初の一歩を踏み出させ、それから、分散された、異種から成る諸行為体（エージェンシー）の終わりのないダンスを振り付け（コレオグラフ）するのだから。流行だということはおいても、わたしは新しい物語のほうが真実である見込みが高いと考えている。それに、そのほうが、誰かの意図の反映ではなく、それとは別個のものとして、〈重要な他者性〉に注意を払うすべを教えてくれるはずである。

ミトコンドリアDNAを分子時計として分析した研究によれば、犬は従来考えられていたよりも早い時期に出現した可能性があるという。カルレス・ヴィラやロバート・ウェインの研究室が発表した一九九七年の論文[*2]は、オオカミから犬が分岐したのは十三万五千年もの昔にさかのぼると論じている。それは、人類でいう「新人」(*homo sapiens sapiens*)の起源とおなじころに当たる。だが、この年代は、化石や考古学的証拠によっては裏付けられず、後発のＤＮＡ研究では分化年代が五万年から一万五千年前まで譲歩されることになった。科学者たちは入手できる種類の証拠をすべて統合できるという理由で、より新しい年代を好むからである。その場合、犬たちははじめ東アジアのどこかで、かなり短い時間のあいだに、分散孤立した出来事を通じて出現したらしい。それから、人間の行くところ、どこへでも付いて行き、全地球へすばやく広がっていったのである。

多くの人が主張する、もっとも可能性のあるシナリオによれば、すべての始まりはオオカミに似た犬たちが人間のゴミ捨て場にいけば摂取カロリーがぼろもうけできることに乗じたことだという。こうして出現した犬たちは、便乗主義的な動きによって、人が近づくのを許す距離を徐々にせばめ、驚いてパッと逃げることも減り、さらに、種を越えた社会化の窓が長く開いているよ

＊1　人間の利用価値に関係なく、あらゆる生命に固有の価値を認め、環境全体の保全を訴える「ディープ・エコロジー」の信奉者を指す。

＊2　Carles Vilà, et al., "Multiple and Ancient Origins of the Domestic Dog," *Science* Vol. 276 no. 5319 (June 1997): 1687-89 参照。ハラウェイは本書原文で分化年代を「十五万年」前としているが上掲論文には「十三万五千年」前と記されている（誤植）。

うな子犬の発達のタイミングが生じて、危険な人間たちが占有している土地を堂々と並行占有できるほど、行動習性においても、究極的には遺伝においても適応したのである。ロシアで、経代をかさねて異なる従順さを示す個体を選んで行われたキツネの実験では、家畜化にともなって多くの形態的形質や習性的特徴が生じることが証明されている。このキツネたちは、一種の原型的「里犬（ヴィレッジ・ドッグ）」の出現を模しているかもしれない。あらゆる犬たちがいまもそうであるように、遺伝的にはオオカミに近いものの、習性においてはかなり異なっていて、人間によるさらなる家畜化プロセスを受け入れる犬が、こうして出現したのである。人間はといえば、犬の再生産を注意深くコントロールし（たとえば、必要ない子犬は殺し、他の犬をさしおいてメス犬にエサをやるなど）、さらに、意図的ではないにしても強力な帰結を生じせしめることで、物語にいちはやく登場した多くの種類の犬たちを形づくるのに一役買った。人間の生活のかたちも、犬とのつきあいにおいて著しく変化した。いまもつづく共進化の物語をつうじて相互を形づくってきた両種には、臨機応変さと便乗主義がゲームの名前となったのだ。

テクノカルチャーにとって、より生殖力のある＝生成的な（generative）言説を形づくるために、学者たちはこの物語をもちいて、自然と文化がそれほどはっきり分けられるのかどうかを問いなおしている。イヌ古生物学者で考古学者のダーシー・モーリー*3は、この物語において大事なのは差異を生じさせる再生産なのだから、選抜が人為によるものだろうと自然のものだろうと、区別に意味はないと考える。モーリーは意図を強調することをやめ、かわりに行動生態学を前景化するのである。環境歴史学者、技術史学者、サイエンス・スタディーズ研究者であるエド・ラッセル[*4]は、犬種の進化はバイオテクノロジー史の一章であると論じる。彼は人間の媒介（エージェンシー）を強調し、有機体を操作（エンジニア）された技術とみなす。ただしそれは、犬を活動的にするものであり、いまもつづく人間文化と犬との共進化を前景化するような方法でなされるものだという。サイエンス・ライターのスティーヴン・ブディアンスキー[*5]は、犬をふくめた家畜化とは、一般的に、人間と連携種の両方ともを利するような、うまくいった進化戦略なのだという。その例は枚挙にいとまがない。

＊3　Darcy (F.) Morey はテネシー大学マーティン校人類学教授。有名な論文として“The Early Evolution of the Domestic Dog,” *American Scientist* 82.4 (1994): 336-47 がある。著書に *Dogs: Domestication and the Development of a Social Bond* (Cambridge: Cambridge UP, 2010) など。

＊4　Edmund Russell はカンザス大学歴史学部特別教授。“The Garden in the Machine: Toward an Evolutionary History of Technology,” in *Industrializing Organisms: Introducing Evolutionary History*, ed. Susan R. Schrepfer and Philip Scranton (New York: Routledge, 2004) 1-16 など。

＊5　Stephen Budiansky はアメリカの有名なサイエンス・ライター。著書に *The Truth About Dogs* (New York: Viking, 2000)〔渡植貞一郎訳『犬の科学　ほんとうの性格・行動・歴史を知る』築地書館、二〇〇四年〕など。

こうした説明を考え合わせると、家畜化と共進化の意味を再評価する必要がありそうだ。家畜化は、共棲という創発＝緊急的プロセスであり、そこには「人類の堕落」物語の語り直しにも、誰かにとってわかりきった結果にも与しないような、多種の行為体＝媒介（エージェンシー）と物語がふくまれている。共棲はふわふわした、感傷的なものではない。伴侶種は二十世紀初頭グリニッチ・ヴィレッジに集った無政府主義者たちの議論に参加するような、友愛の同士でもない。関係性は多形的であり、争点をふくみ、未完了であり、帰結を伴う。

共進化は生物学者たちがふだんそうしているよりも、もっとゆるやかに定義されなければならない。花の生殖器官とその花の受粉を助ける昆虫の臓器が、互いに似た視覚的形態になっていくのはもちろん共進化である。だが、犬の身体や頭脳における変化は生物学的であり、たとえば牧畜や農業社会の出現にみられるような、人間の身体や生活における変化は文化的であるのだから、これは共進化ではない、と考えるのは間違いである。少なくとも、人間のゲノムには犬を含む伴侶種の病原体の分子的記録がかなり含まれているのではないだろうか。免疫系は自然‐文化にとってけっして端役ではない。人間をふくむ有機体が、どこで誰と生きていけるのかを決定するのだから。インフルエンザの歴史ひとつとっても、人間とブタと家禽とウィルスの共進化という概念なしに想像することはできない。

もちろん、病気が生社会学の物語のすべてではない。人間と連携する犬たちが、匂いと音による警戒の仕事を引き受けてくれ、人間の顔、喉、頭脳を会話に使えるよう解放してくれたからこそ、人間の異常発達した発話能力のような、きわめて根源的なものが出現したのだと考える人たちもいる。わたしはこの説には懐疑的だ。しかし、もし、わたしたちが創発する自然 - 文化に対する闘争 - 逃走反応を減ぜしめ、さらに、生物学的還元主義や文化的特殊性ばかり探し出すのをやめたなら、人間も動物も違って見えてくることだろう。

わたしは、進化学的発生生物学――発生生物学者、科学史家のスコット・ギルバート[*6]の用語によれば「エコ・デボ（eco-devo）」――の新しい考えかたに、こころ励まされている。新たな分子的技術と、多くの学問領域の言説的資源によって可能になった、この若い科学においては、発生学的な誘因やタイミングが主要な研究対象になっている。そこでは他とは異なる、文脈固有の可塑性が通例（ルール）であり、その可塑性は遺伝子同化される場合も、されない場合もある。有機体はどのようにして環境や遺伝の情報を、極小から極大までのあらゆるレベルで統合していくのか。その

＊6　Scott F. Gilbert はスワスモア大学生物学教授。著書に *Developmental Biology*, 8th ed. (Sunderland, MA: Sinauer, 2006) など。

統合の方法によって、有機体が何に生成するかが決定されるが、ここまでが遺伝子の仕事で、ここからは環境が始まるというような、分かれ目の時や場所があるわけではない。遺伝的決定論とは、せいぜい生態学的発生上の可塑性が限られていることを意味する、局所的（ローカル）な単語でしかないのだ。

この大きな広い世界はふてぶてしい生命にあふれている。たとえば、マーガレット・マクフォール＝ナイが証明したように、ダンゴイカの一種（*Euprymna scolopes*）の発光器官は通常、胚に発光バクテリアのビブリオ属菌がコロニー形成したときにのみ、発生する。[*7] 同様に、細菌叢がコロニー形成しなければ、人間の腸組織は形成されない。地球の動物形態の多様性は、海洋の塩辛いバクテリアのスープから出現した。進化する動物たちは、生命史のあらゆる段階で、身体内外にさかんに棲みつこうとするバクテリアたちに適応しなければならなかった。科学者たちが証明の方法を考えつきさえすれば、こうした適応の歴史が複雑な生物形態の発生パターンのなかに確認されるだろう。地球上の存在は把握力にすぐれ（prehensile）、抜け目がなく、縁もゆかりもなさそうなパートナーたちをいつでも新しい、シンバイオジェネティックな関係へ連れ込もうとする。相互構成的な伴侶種と共進化は、例外ではない。それこそが通例（ルール）なのである。このような議論はわたしの宣言にとって刺激（トロピック）＝文彩的であるが、肉体と形象（フィギュア）は遠く離れているわけではない。

文彩（トロープ）によって、わたしたちは、継承した容れ物の外へ自分たちを連れ出してくれる驚きを探し、その驚きに耳を澄ますようになるのだから。

＊7　Margaret McFall-Ngai, "Unseen Forces: The Influence of Bacteria on Animal Development," *Developmental Biology* 242.1 (2002): 1-14.

愛の物語 Love Stories

一般的に、米国では犬に「無償の愛」の能力があると考えられている。この意見によれば、人間関係における誤解や矛盾や複雑さに疲れ果てたとき、人は、犬たちが与えてくれる無償の愛のなかに安らぎを見出す。その見返りに、人は犬をわが子として愛する、というわけだ。だが、個人的な意見を言わせていただくと、こうした考えは、両方とも、嘘ではないにしても間違いに基づいているうえに、それ自体が、犬にとっても人間にとっても侮辱的である。ざっと見わたしただけでも、犬と人間はつねにさまざまな方法で係わりあってきたことがわかる。だが、現代消費文化のなかでペットを飼っている人たちですら、いや、ひょっとしたらこうした人たちだからこそ、「無償の愛」を信じ込んでしまうことは有害なのだ。人(マン)=男が、飼育動物(犬)やコンピュータ(サイボーグ)のような道具のなかに意図を実現することによってみずからを作り上げたという考え方が、「人間中心主義的テクノ偏愛的ナルシシズム」とわたしが呼ぶ神経症の証拠だとしたら、表面上はその対極にあるようにみえる、犬が無償の愛によって人間のたましいを復活させてくれるという考えは「イヌ偏愛的ナルシシズム」と呼べるかもしれない。歴史的状況におかれた犬と人間のあいだの愛が、かけがえのないものだとおもうからこそ、こうした「無償の愛」言説に異議を唱えることが大事（マター）なのである。

一九四〇年代から五〇年代にかけて、ある作家と「アルザス種」のメス犬の関係を描いた、J・R・アッカリーのひねりのきいた傑作『わが犬チューリップ』（一九五六年イングランドにて私家出版）[*1]は、わたしの違和感について考える方法を与えてくれた。この素晴らしい愛の物語では、歴史が冒頭から読者の周辺視野にちかちかと明滅する。二度にわたる世界大戦の後、ジャーマン・シェパードは、わたしたちの生をなんとか可能にしてくれる、あの煩わしい否認と代理のひとつの例として、アルザス犬と呼ばれていたのである。チューリップ（本名クィーニー）はアッカリーが人生でこよなく愛した犬だった。重要な小説家であり、名の知れた同性愛者であり、そして優れた書き手であったアッカリーは、当初から不可能な任務をしっかり肝に銘じることで、その愛を大切に守った。つまり、まずこの犬が必要としていること、欲していることをどうにか

---

*1 J. R. Ackerley, *My Dog Tulip* (1956)〔外町絓訳『愛犬チューリップと共に』月刊ペン社、一九七〇年〕。

して知り、次に、全力を尽くして必ず彼女がそれを手に入れられるようにする、という任務をである。

アッカリーは、最初に飼われていた家からレスキューされたチューリップのなかに、理想の愛の対象を見出すことはできなかった。それにアッカリーはチューリップの理想の恋人ではなさそうだった。それにつづくサーガは無償の愛の物語ではなく、間主体的世界に棲まう方法をさがす物語であり、それは、いずれは死すべき運命を背負った関係性の、あらゆる生々しい細部において、他者に出会っていく物語である。人間対動物ないし動物同士の間主体性や友情について果敢に執筆している行動生物人類学者バーバラ・スマッツ[*2]なら、きっと満足してくれるだろう。行動生物学者などではなかったが、みずからの文化の性科学には敏感だったアッカリーが、チューリップの定期的な発情期のたびに、ふさわしい性的パートナーを求めて出かけていくさまは、コミカルでありながら感動的でもあるのだ。

オランダ人環境フェミニストで、畜肉業界の「動物産業複合体」というスキャンダルに注意を喚起してくれたバルバラ・ノスケ[*3]は、動物たちについて、SF的な意味の「異世界」として考えることを提案している。自分の犬の〈重要な他者性〉に確固たる献身を示していたアッカリーにはノスケの思想がきっと理解できただろう。チューリップが大事＝物質(マター)だったからこそ、そのことがかれら双方を変えてしまったのだ。アッカリーもまた、言語学的であるかどうかにかかわらず、あらゆる記号論的な実践にふさわしい、躓きなくしては読むことができないようなかたちで、チューリップにとって大事＝物質であった。誤った認識は、物事を正しくつかまえられた瞬間とおなじくらい重要だった。アッカリーの物語は、現実世界の、顔と顔をつきあわせた愛において、生身の意味を生み出す細部にみちている。そもそも、誰かから無償の愛を受けるなんて、申し開きの余地もないほど神経症的なファンタジーなのだ。しかし、愛しあうことの面倒な諸条件を充たそうと努力を重ねていくのは、それとはまったく別の話だ。親密な他者を知ろうと常に探索し、その探求のなかで、不可避的に悲喜こもごもの間違いを起こしていくことに、わたしは敬意を惜しまない。その他者が動物だろうと人間だろうと、たとえ、非生物だろうと、である。アッカ

＊2　Barbara (B.) Smuts はアメリカの生人類学者、行動生態学者、心理学者、ミシガン大学心理学部教授。著書 *Sex and Friendship in Baboons* (1985; New York: Aldine, 2009) のほか、近年はイヌにおける社会的行動について研究。ハラウェイ『犬と人が出会うとき』第一章も参照。

＊3　Barbara Noske はオランダ出身の文化人類学者、哲学者、シドニー大学人文社会科学研究所主任研究員。著書に *Beyond Boundaries: Humans and Animals* (Montréal: Black Rose, 1997) など。ハラウェイは "Otherworldly Conversations, Terran Topics, Local Terms," *Science as Culture* 3.1 (1992): 59-92 のなかでノスケを高く評価している。

リーのチューリップとの関係性は、愛の名を獲得したのである。

　わたしは犬に生涯を捧げている人びとから教えを受けてきた。犬関係者（ドッグピープル）は、犬たちが、ふわふわで抱きしめたくなるような、子どものような被扶養者だと受け止められてしまうのを嫌悪しているため、愛という言葉をごく控えめにしか使わない。リンダ・ワイザーを例にとろう。彼女はグレート・ピレニーズ種の家畜護衛犬を三十年以上にわたって育ててきたブリーダーであり、この犬種の保健活動家であり、こうした犬の世話、行動習性、歴史、幸福などあらゆる面を教える指導者である。彼女の、犬たちと犬を所有する人びとに対する責任感には瞠目すべきものがある。ワイザーは犬の「一種類（a *kind*）」を愛すること、すなわち、ひとつの犬種への愛を強調し、自分の犬ばかりでなく、こうした犬たち全体のためにいったい何をしなければならないかを語る。たとえば、彼女は救助犬のうちで攻撃的なものや、種類に限らず子どもを咬んだことのある犬は殺処分すべきだと、ひるむことなく断言する。そうすることで、犬種の評価を守ることができるし、子どもはいうにおよばず、ほかの犬たちの命を守ることもできるだろう、と。ワイザーにとって「全体的な犬（the “whole dog”）」とは、ひとつの犬の種類とひとつの個体の両方を意味している。この愛に導かれ、彼女やほかの人びとは、中流階級のつつましい収入をもちいて、科学や医学を独学したり、公的活動に参加したり、指導関係を築いたりと、かなりの時間や資源を捧

図 2
マーコ・ハーディングとウィレム・デ・クーニング・カーディル。
ウィレムはリンダ・ワイザーの繁殖による
グレート・ピレニーズ種のペット犬。
（著者撮影）

げているのである。
ワイザーは特別な「わたしの心の犬」についても語ってくれる——ずいぶん前に一緒に暮らしていて、いまだに心を離れないメス犬のことである。あるいは、彼女がいま飼っている一頭の犬について書くとき、そこには辛辣な叙情ともいうべきものが漂う。この犬は十八ヶ月のときワイザーの家にやってきてから、三日間唸りつづけたが、いまやワイザーの九歳の孫娘の手からクッキーを食べるまでになり、食べ物やおもちゃを子どもに取られても怒ったりせず、家にいる年若いメス犬たちを寛大に支配しているという。

わたしはこのメス犬を言葉であらわせないくらい愛しています。賢く、誇り高いアルファ〔群れのボス〕。彼女とともに暮らす代償が、そこここで歯を剝いて唸られるくらいのことなら、それはそれでかまわないのです。
（グレート・ピレニーズ・ディスカッション・リスト 二〇〇二年九月二十九日付）

ワイザーはこうした感情や関係性の大切さを率直に語っている。彼女がつねに主張するように、愛の根本には、異なる存在、つまり考えも感情も反応も、おそらく生きていくための必需品ですら、わたしたちとは異なる者と、生をわかちあう深い喜び、歓喜とすら呼べるものがあるのです。そして、この一団（バンド）の全生物種がなんとか繁栄するために、わたしたちはこうした事柄を理解し、尊重できるようにならなければならないのです。

（グレート・ピレニーズ・ディスカッション・リスト、二〇〇一年十一月十四日付）

暗喩的にであっても、犬をふわふわの毛皮が生えた子どもとみなすのは、犬と子どもの両方を貶めるものだ。それは、子どもが咬まれ、それゆえ犬が殺されるきっかけにもなる。二〇〇一年時点で、ワイザーの家には十一頭の犬と五匹の猫がいた。彼女は成人してからずっと、犬を所有し、繁殖させ、ショーに出してきた。さらに彼女は三人の人間の子どもを育て、やや左よりのフェミニストとして充実した市民的政治生活を送ってきたのである。子どもたちや友人、同士たちと人間言語をわかちあうことは彼女にとって欠かすことができないという。

犬がわたしを愛してくれることはある（とおもう）けれど、おもしろい政治議論の相手になってくれたことはありません。一方、子どもたちは話ができても、本当の「動物的」感覚には欠けています。この感覚を通じて、束の間であっても、自分とはまったく違う別の生物種の「ありかた」に触れることができるというのに、です。その畏れを呼び覚ます現実がわたしを導くんです。

（グレート・ピレニーズ・ディスカッション・リスト、二〇〇一年十一月十四日付）

ワイザーの言うような犬の愛し方は、ペットとの関係においても成立しないわけではない。ペット関係がこういった愛を育むことは可能だし、実際にそういったケースは少なくない。だが、ペットでいることは犬にとってたいへんな労力を要する仕事なのではないだろうか。なにしろ、立派な使役犬に匹敵するほどの自己制御と、イヌなりの感情・認識技術が要求されるのだ。多くのペットと飼い主は尊敬に値する。人間とペットが遊ぶことや、ともに穏やかに過ごすことは、みなに喜びをもたらすものであるし、それはたしかに、伴侶種のもつ、ひとつの大切な意味でもある。だが、それにもかかわらず、ペットという立場は、わたしが暮らしているような社会においては、犬を特別なリスクにさらすことになるのである。人間の愛情が薄れたとき、人間の便宜が優先されるとき、犬が無償の愛というファンタジーに応えることができなかったとき、犬は棄てられるリスクにさらされてしまうのだから。

わたしがリサーチのあいまに出会った、犬とまじめに関わっている人びとの多くは、人間の消費的気まぐれによって犬が傷つけられることのないように、犬が仕事をもつことの重要性を強調している。ワイザーの知り合いには、護衛犬がこなしている仕事ゆえに尊重されていると話す畜産業者がたくさんいる。護衛犬のなかには愛されているものもいるし、そうでないものもいるが、犬たちの価値は愛情の経済によって測られるわけではない。とりわけ、犬の価値——そして犬の生——は、犬が人間を愛してくれるという人間側の感覚に左右されるのではない。むしろ、犬は自分の仕事をしなければならないのであって、ワイザーも言うように、残りはおまけなのだ。

ボーダーコリーについて鋭い視点から書いている作家で、牧羊犬トレーナーでもあるドナルド・マッケイグも、これに同意する。彼の小説『名犬ホープ』と『名犬ノップ』[*4]は、働く牧羊犬と人間の力強い関係性にかんする優れた入門書だ。そのマッケイグいわく、働く牧羊犬は、カテゴリーとしては「『家畜』と『協働者』のあいだのどこか」に属するという（イヌ遺伝子学ディスカッション・リスト、二〇〇〇年十一月三十日）。そのような立場のひとつの帰結として、仕事にかん

＊4　Donald McCaig, *Nop's Trials* (1984; Guilford, CT: Lyons, 1992)〔大西央士訳『名犬ノップ』集英社、一九九四年〕、および *Nop's Hope* (Guilford, CT: Lyons, 1998)〔大西央士訳『名犬ホープ』集英社、一九九五年〕。

する犬の判断がときに人間よりも優れているということが挙げられるだろう。愛ではなく、尊敬と信頼が、犬と人間の良好な協働関係にとって決定的な必需品なのである。犬の生は問題含みのファンタジーよりも、技術に――そして、荒廃することのない地方経済に――かかっているのだ。

マッケイグは、育種繁殖やトレーニングの必要性にくわえて、彼自身もっとも親しみ、大切にしている犬種ボーダーコリーの貴重な牧羊能力を維持する必要性を、熱意をもって前景化している。それゆえ、マッケイグが犬界(ドッグランド)におけるペットとスポーツ競技の関係性を過小評価したり、誤って記述したりすることもあるかもしれない。だが、彼の犬とのつきあい方こそ、まさしく愛と呼ぶべきではないだろうか。もちろん、わたしたちの文化が犬を幼児化し、その差異を尊重することを拒んだせいで、愛という言葉がここまで腐敗していなければ、の話ではあるけれど。マッケイグが断固として主張しているのは、育種繁殖や経済的になりたつ仕事などといった、労働に関わる慎重な諸実践によってしか維持されないような、機能的な犬を守ろうということである。こうしたマッケイグの主張を、犬の自然‐文化は必要としている。ワイザーやマッケイグが有しているような、ある種類の犬、「全体的な犬」、犬たちの特異性についての知識がわたしたちにも必要だ。そうでなければ、愛は、犬の種類を、そして個体を、無条件に殺すことになるだろう。

トレーニングの物語 Training Stories

「スポーツ記者の娘のノート」より

わたしの教子（ゴッドサン）マーコはいわばカイエンヌの教児（ゴッド・キッド）であり、カイエンヌはマーコの教犬（ゴッド・ドッグ）である。わたしたちはトレーニング中の架空の親族グループだ。わたしたちの家族の紋章のモットーは、『バーブ』[＊1]紙をイメージして作られた、カリフォルニア州バークリーのイヌ専門文学・政治・アート雑誌からもらってきたら良いかもしれない。それは『バーク』誌といって、表紙の柱には「犬はわたしたちの副操縦士（コ・パイロット）」と書いてあるのだ。カイエンヌがまだ生後十二週で、

＊1　*(Barkeley) Barb* はカリフォルニア州バークリーで一九六五〜八〇年に刊行されていたカウンターカルチャー系アンダーグラウンド週刊新聞。

マーコが六歳だったとき、夫ラステンとわたしはクリスマス・プレゼントとしてマーコに子犬トレーニングのレッスンをさせてやることにした。わたしは毎週火曜日になるとカイエンヌをクレートに入れて車に乗せ、マーコを学校まで迎えに行き、バーガー・キングに寄って地球を支える健康食品ディナー、つまりバーガーとコーラとポテトを買って、サンタ・クルーズのSPCA〔非営利シェルター〕に通うことにしたのである。カイエンヌは、彼女の犬種の犬がたいていそうであるように、賢く協力的な若犬で、服従（オビディエンス）ゲームの天才であった。マーコはハイスピード特撮や自動式サイボーグおもちゃで育った同世代の多くの子どもたちとおなじように、利発で、やる気に満ちたトレーナーであり、支配（コントロール）ゲームの天才だった。

　カイエンヌは合図をすぐ覚えた。「オスワリ」のコマンドに応えておしりをちょこんと落とすこともできた。家でわたしとも練習していたからである。マーコはすっかり魅了され、はじめのうちはまるでリモコンをもってカイエンヌというマイクロチップを埋め込んだトラックを操縦しているみたいな様子だった。マーコが想像上のボタンを押す。すると、子犬は、まるで魔法のように、遠くから示されるマーコの全能の意志を履行するのだ。神が、わたしたちの副操縦士にならんとしていた。一九六〇年代後半、コミューンのなかで成人したわたしのような偏執狂の大人は、犬と男児のトレーニングはもちろん、ありとあらゆることにおいて、間主体性とか相互性という理想に身を捧げているものだ。お互いに注意を払ってやりとりしているという錯覚の方が、何もないよりは良いはずだ、と。だが、このとき、わたしは実際にはそれ以上を期待していた。それに、ここにいる種のなかで、わたしは唯一の大人なのだ。間主体性は「平等」を意味しない。それは、犬界（ドッグランド）では、文字通り命取りになる。そうではなくて、間主体性が意味するのは、顔と顔をつきあわせた〈重要な他者性〉の結合したダンスに注意を払うことなのだ。そんなわけで、少なくとも火曜の夜だけは、支配魔（コントロール・フリーク）のわたしがすべてを仕切らせてもらうことになった。

マーコはおなじころ空手教室にも通っていて、空手の師範にすっかり心を奪われていた。このすばらしい師範は、武術における精神‐魂‐身体の統制はもちろんのこと、子どもというものは演劇性や儀式や衣装が大好きだということも先刻ご承知だった。マーコは稽古のあと、夢中になって「敬意」というのは言葉であり行為なんだよと教えてくれた。型を演武する前に、空手衣を着た小さな自己を定められた姿勢にしっかりととのえて、師範やパートナーにきっちりお辞儀するということ。それだけでマーコはすっかり熱狂した。集中力が要求される、様式化された動きを決めるその前に、小学一年生の荒れ狂った自己を落ち着かせ、師匠やパートナーと目を合わせるということが、ぞくぞくするほどマーコを興奮させたのだった。ちょっと待って、こんなにすばらしい機会を、伴侶種繁栄というわたしの目標のために活用しない手はないんじゃないかしら。

それで、わたしはこう言った。「マーコ、カイエンヌはサイボーグのトラックじゃないの。服従（オビディエンス）という武術のパートナーなのよ。あなたの方がお兄さんだから、師範をやってちょうだい。マーコは身体と目を使って、敬意を表す方法を学んできたはずね。あなたの仕事はカイエンヌにその型を教えること。カイエンヌに、飛び跳ねてばかりのワンちゃんを落ち着かせて、じっとして、ぼくの目をちゃんと見るんだよって、どうしたら教えられるかしら。それがわかるまでは『オスワリ』のコマンドを使っちゃだめ」。そう、カイエンヌをただ合図で座らせて、マーコが「クリックとごほうび（トリート）」[*2]を与えるだけではだめなのだ。それもたしかに必要なのだけれど、順番が間違っている。まず、このおちびさんたちがお互いに目を向けるということを学ばなければならない。同じゲームに参加しなければならない。マーコはこれから六週間もすれば、いっぱしのドッグ・トレーナーになってしまうだろうとわたしは信じていた。わたしがもうひとつ信じていたのは、マーコがカイエンヌに異種間敬意をあらわす身体的姿勢を学ばせるうちに、きっとかれらがお互いにとって〈重要な他者〉になっていくだろうということだった。

二年後、キッチンの窓からわたしが覗くと、マーコは裏庭で、カイエンヌと十二本のウィーブ・ポール*3をやっている。ウィーブ・ポールはアジリティーのなかでも、やるのも教えるのもいちばん難しい障害物のひとつだ。カイエンヌとマーコのスピード感あふれる美しいスラロームは、あの空手の師範に恥じないものだとわたしはおもう。

*2 原文"click and treat"はハロウィンの決まり文句"trick or treat"（おやつくれないといたずらするぞ）をもじったトレーニング用語。正しい行動をとったとき、ただちにクリッカーの音をたておやつを与えることで、正の強化をはかるもの。次節参照。

*3 アジリティーで、地面に立てたポールを犬がジグザグに縫っていく競技。ポールの数は五〜十二本。日本ではスラロームとも呼ばれる。

ポジティブな絆

Positive Bondage

二〇〇二年、円熟したアジリティー競技者で指導者のスーザン・ギャレットは、トレーニング冊子『ラフ・ラブ』を犬のアジリティー競技関連会社クリーン・ラン・プロダクションズから刊行し、広く絶賛された。[*1] この冊子は、犬と綿密で反応の良いトレーニング関係を築きたい人を対象に、行動学的な学習理論と、そこから生まれて過去二十年のあいだに犬界（ドッグランド）で急激に広がった、普及版の正の強化（ポジティブ）を活用したトレーニングという方法論による指導を与えている。呼んでも犬が来ないとか、不適切な攻撃をするといった問題行動も、もちろん考慮されてはいる。だが、ギャレットがより注力しているのは、アジリティーを学ぶ人たちに、行動生物学の研究にもとづいた態度を身につけさせ、効果的なツールを手渡すことだ。狙いは、犬にとっても人間にとっても苦労が報われるような、エネルギーにあふれた注意関係の築き方を読者に示すことである。だらしなくて気が散ってばかりだった犬にとっては、義務的で指向性をもった熱意が自然に沸き起こってくることが、到達目標になる。マーコが通っている進歩主義的な小学校で、マーコもきっと同じような教育法の主体（サブジェクト）になっているはずだ。ルールは原理原則においてはシンプルだが、実践においては抜け目なく労力を要求してくる。好ましい行動があれば瞬時に合図を出して知らせなければならないし、生物種に応じて、しかるべき時間内に報酬を与えなければならないのである。大衆化したポジティブ・トレーニングで唱えられるマントラ「クリックとごほうび（トリート）」は、ポスト「監視と処罰」的巨大氷山の一角にすぎないのだ。

はっきりさせておきたいのは、ギャレットの小冊子の裏表紙にも漫画で描かれているように、正（ポジティブ）の強化は甘やかすことではないということである。人間の意図を実現するため——この場合は、二つの生物種が参加する、労力を要求される競技スポーツにおいて最高のパフォーマンスをするため——これほどまでに完全支配に近い状態を要請する犬のトレーニング手引書は、わたしもほかに見たことがない。そういった種類のパフォーマンスが可能になるのは、チームにやる気があり、強制されて動くのではなくて、互いに相手のエネルギーを熟知し、相手の方向姿勢と反応行動が誠実かつ首尾一貫していることを信じ合っているような場合のみである。

＊1　Susan Garrett, *Ruff Love: A Relationship Building Program for You and Your Dog* (South Hadley, MA: Clean Run Productions, 2002).

ギャレットの方法論は哲学においても実践においても厳格だ。人間のパートナーは、犬に、この不器用な二足歩行動物からあらゆる良いことが生じてくるのだと信じさせなければならない。それゆえ、通常数ヶ月のトレーニング期間中には、犬が他の方法で報酬を得る可能性をできるかぎり取り除いておく必要がある。ロマンティックな人たちは犬をクレートに入れたり長紐でつないだりすることを要求されて、ひるむかもしれない。わんこが、他の犬といっしょに思いのままにはしゃぎまわったり、ちょっかいを出してくるリスを追いかけたり、カウチによじのぼったりすることは禁止される。それは、犬がほぼ百パーセントの頻度で自らを制御し、人間のコマンドに反応できるようになって初めて許されるのである。人間のほうも、ひとつひとつの課題について、犬が正しい反応を示した実際の割合を詳細に記録しておかなければならない。うちの犬は天才だからもっと上手にできたはず、なんてべらべらしゃべるのはだめ。正直者でない人間は、わんこの＝荒っぽい愛（ラフ・ラブ）の世界で厄介なトラブルに遭うことになる。

犬にとっての見返りは多い。イヌが毎日数回、集中的なトレーニングを受けられると期待できる場所がほかにあるだろうか。しかも、そのトレーニングというのは犬が間違いをおかさないようにする訓練ではなくて、そのかわりに、すばやくごほうびのおやつやオモチャや自由が与えられるように設計されており、そのうえ、特定の個別的に親しみを育んだ子犬から最大限のやる気を引き出し、それを維持していくために、あらゆる点で配慮されたものなのである。そのトレーニングの実践は、ほとんど理解できない押し付けにいやいや従う（従わない）犬ではなく、自分から学ぶことを身につけ、いずれスポーツや暮らしの習慣に組み込まれるような新しい「行動習性」を熱心にみせる犬へとつながっているのだ。そんなことが、犬界（ドッグランド）のほかのどこにあるだろう。ギャレットは犬が実際に好きなものを注意深くリスト化するよう、人間に指示している。そして、人間が機械的にボールを投げたり、元気を出しすぎて怖気づかせたりして、犬の行動を妨げるのではなく、犬が楽しめるように、人間に対して伴侶（コンパニオン）たちと遊ぶ方法を指導する。それに、人間は、あそびを、犬にふさわしい方法で本当に楽しまなければならない。そうでなければ犬にすぐばれてしまうだろうから。ギャレットの本で紹介されているゲームはいずれも、人間の目標にしたがって成功を積み上げていくには恰好のものといえそうだが、そのゲームも犬をしっかり参加させることができなければ、なんの役にも立たないのである。

　要するに、おもに人間側に求められるのは、わたしたちの大半が、そのやりかたを知らないとさえ認識していないことなのである。それは、血の通わない抽象化などではなく、一対一の関係性、つまり〈つながりあう他者性（otherness-in-connection）〉のなかで、犬たちとは何者なのかを見つめ、犬たちがわたしたちに何を知らせているのか耳を澄ませるには、どうしたらいいのかということだ。

ギャレットの実践や教育論には自然の犬がもっている野性的な心についてロマンを抱く余地はないし、哺乳類階級制度における社会的平等という幻影もない。そこにある広大なスペースは、しつけられた注意と誠実な達成に捧げられている。心理的暴力や身体的暴力はこのトレーニング劇において役割を与えられていない。行動管理テクノロジーこそが、主役なのである。ギャレットの言うことに注意してみると、わたし自身、何度も良かれとおもって訓練ミスをおかしてきたことがわかる。そのせいで、アジリティーがうまくならないのはもとより、犬たちに苦痛を与えてしまったこともあったし、人や他の犬に危険が及ぶこともあったのだ。科学的根拠があって、かつ経験に基づいた実践こそが大事（マター）なのだ。それゆえ、理論を学ぶことは、たとえそれがまだかなり限られた言説で、道具としては荒削りだったとしても、空虚な偽善などではない。だが、文化批評家のはしくれとして、わたしはそのなかに、このプレッシャーの強い、成功が重視される個人主義的アメリカにおいて猛々しくはびこっている愛のムチ（タフ・ラブ）という思想が入り込んでいることを見逃すことができない。二十世紀のテイラー主義的な科学的管理原則や、企業国家アメリカの人員管理科学は、ポストモダンのアジリティー競技場のまわりに安全な居場所（クレート）をみつけたというわけだ。それに、わたしは、科学史家のはしくれとして、ポジティブ・トレーニング言説が主張する方法論や技のなかに、軽々しく誇張され、歴史的コンテクストから切り離され、あまりにも一般化されて主張されているものがあることを、無視することはできない。

そうはいっても、わたしは手垢のついた『ラフ・ラブ』を友だちに貸しているし、ポケットにクリッカーとごほうびのおやつを忍ばせている。だが、もっと肝心なことは、ギャレットがわたしに非を認めさせたという事実である。一貫性のないトレーニングをしているとき、また、なにが本当に起こっているのかを誠実に評価しないとき、わたしのような犬関係者は犬たちに矛盾したファンタジーを押し付けているというのに、その事実を自分にすらごまかしてしまっていること――こうした自分の驚くべきごまかし能力を、ギャレットは、とうとうわたしに認めさせたのだ。ギャレット流のポジティブな絆の教授法は、できるだけまじめで、歴史的に特異（スピシフィック）=種差的な種類の自由を犬のために作り出している。その自由とは、さまざまな生物種が入り交じる都市や郊外という環境において、自己実現の動機づけとなる証拠がそろった骨の折れるスポーツをしながら、物理的な制限はとても小さく、体罰を受けることもなく、安全に暮らす自由である。わたしは、大学時代、先生たちが自由や権威にかんするセミナーで何をいわんとしていたのかを、いまごろになって犬界で学んでいる。うちの犬たちはラフ・タフ・ラブがかなり気に入っているのではないかとおもう。マーコは、いまのところまだ、わたしより懐疑的だが。

荒々しい美しさ

Harsh Beauty

ヴィッキー・ハーン――著名な伴侶動物トレーナーであり、アメリカン・スタフォードシャー・テリアやエアデール・テリアといった汚名を着せられた犬たちの愛護者で、言語哲学者だった――は、一見したところ、スーザン・ギャレットの真逆をいくようにみえる。ハーンは二〇〇一年に亡くなったが、いまだにポジティブ・トレーニング理論の支持者にとって、肉球に刺さった鋭い棘でありつづけている。多くのプロのドッグ・トレーナーや、わたしたち一般の犬関係者(ドッグピープル)は、リードをぐいと引っ張ったり耳をつねったりする叱り方のせいで軍隊式のケーラー・メソッド・トレーニングにはあまり良い記憶がないため、そこから離れて、行動主義学習理論家たちの「いいんですよ」という目配せのもと、犬にごほうびのレバー・クッキーをすばやく差し出してやる方法へと、ほとんど宗教的な改宗をとげている。それゆえ、ハーンが古くからの道を外れず、新しい道を受け入れなかったことに恐怖感をおぼえてしまうのである。彼女のクリッカー・トレーニングに対する軽蔑は苛烈なもので、それを越えるものといえば、彼女の動物の権利（animal rights）擁護言説に対する激しい批判くらいのものである。わたしは自分が新しくみつけたトレーニング実践がハーンに耳をつねって叱られているのを見て身をすくませ、動物の権利イデオロギーにおけるハーンのアルファ〔ボス〕的役割には喜びをおぼえる。ハーンがクリッカー中毒者や動物の権利にのぼせ上がった人びとを批判するときの論理一貫性と力強さに、わたしは尊敬の念を惜しまないし、それはある親族関係に注目するようわたしをうながしてもくれる。つまり、ハーンとギャレットは、皮膚の下は血のつながった姉妹なのである。

この近親交配を理解する鍵は、犬が伝えようとしていることや要求していることに対して彼女たちがふたりとも集中した注意を払っている点にある。素晴らしき恩寵（アメイジング・グレイス）なるかな、このふたりの思想家は、イヌが置かれた状況の複雑性や特殊事情に応じ、その関係性の実践における当然の要求として、犬たちにしっかりと注意を払うのである。もちろん、行動主義トレーナーたちとハーンの方法論のあいだに、重要な諸差異があることはまちがいない。その諸差異のなかには、実験研究によって解消できるものもあるだろうし、個人の才能ないし種を越えたカリスマ性に深く根ざしたもの、多様な実践コミュニティの通約不能な暗黙知に深く根ざしている〔ゆえに乗り越え難い〕ものもある。それに、人間の強情さやイヌの便乗主義に存する差異もあるだろう。だが、「方法」は伴侶種においていちばんの問題(マター)ではない。還元不能な差異を横断する「やりとり(コミュニケーション)」が問題なのだ。そして、その結果として、犬と人びとは一緒に例の猫のゆりかご〔あやとり〕ゲームのなかに出現するのである。尊敬こそが、ゲームの名前〔至上目的〕である。良きトレーナーたちは〈重要な他者性〉の記号のもと、伴侶種の係わりあいという規律を実践していく。

伴侶動物と人間のやりとりについて書かれた、ハーンのいちばん有名な本のタイトル『アダムのつとめ』[*1]は的外れなものである。この本は双方向的な対話について書かれたものであって、〔聖書「創世記」におけるアダムの仕事である〕名付けとは関係ないのだから。「創世記」で、アダムはお気楽にカテゴリー分けの仕事をした。[*2]アダムは口答えされる心配はなかった。なにしろ、犬(dog)ではなくて、神(God)が、ほかならぬみずからの似姿に彼を作り上げたのだから。もっとややこしいことに、ハーンは人間言語が媒介でない場合の会話の心配をしなければならなかったが、それは多くの言語学者や言語哲学者が挙げるのとはちがう理由からだった。彼女はトレーナーたちが日常言語を仕事のうえで用いることを好む。それは、日常言語の使用が犬の伝えようとしていることを理解するうえで重要だからであって、犬たちが毛むくじゃら版の人間言語を話すからではないのだ。彼女はいわゆる擬人化の多くを断固として弁護する。それに、サーカス・トレーナー、騎手、犬の服従競技(オビディエンス)[*3]愛好者たちが用いる、こちらの意図を伝えようとする言語実践や、動物が意識をもっているとみなすような言語実践を、ハーンほど雄弁に支持し、論陣を張るものはいない。こうした言語は哲学的には疑わしいものだとしても、協働している動物に精通している誰かがいるという事実を、人間たちが忘れてしまわないためには必要なものなのである。だが、誰が精通しているのかということは常に問われ続けなければならないだろう。他者や自己を知ることはできないのであって、関係性のなかに誰が、何が、出現してきているのかを、つねに敬意をもって問わなければならないという認識が鍵になる。どんな種（しゅ）であっても、真に愛しあう者たちはそうしなければならないのだ。たとえば、神学者は、神を「否定的（ネガティヴ）に知る方法」がもつ力について書いている。「そこにまします方」は無限なのであるから、有限である存在は、偶像崇拝を避けつつ、神が〈そうではない〉ところのもの、つまり自己の投影ではないものしか特定（スピシファイ）することができない。そうした種類の「否定的な」知を、別名、愛と呼ぶのである。わた

＊1　Vicki Hearne, *Adam's Task: Calling Animals by Name* (New York: Knopf, 1986)〔川勝彰子、小泉美樹、山下利枝子訳『人が動物たちと話すには?』晶文社、一九九二年〕。

＊2　聖書「創世記」第二章一九節で、神が獣や鳥をつくったとき、人（アダム）の前にそれら生物を連れ出し、かれがどんな名前をつけるか観察したくだりに言及したもの。

＊3　ハンドラーの指示（コマンド）によって「スワレ」「マテ」「フセ」「ツイテ」「コイ」などの基本的動作をとれるよう、犬に学ばせること。その競技会も行われている。

しはこうした神学的思索が犬を知るうえでも力を持つと信じている。特に、トレーニングのように、愛の名にふさわしい関係性へ入るときには。

それが種内部であろうと異種間のものであろうと、倫理的な係わりあいは、おしなべて〈関係しあう他者性（otherness-in-relation）〉への持続的な注意深さという、絹糸ほどの強度の糸から編み出されているとわたしは信じている。わたしたちはひとつではないのだから、なんとか一緒にやっていくことに存在（being）がかかっているのだ。誰がそこにいるのか、出現しようとしているのかと訊ねることは、むしろ義務なのである。最近の研究から明らかになったのは、人間の視線や、指示（指差し）や指で叩くヒントによって食べ物を探すテストをすると、一般に頭の良いオオカミや人間に似たチンパンジーよりも、犬たちの方が――それが、たとえ犬舎で育てられた子犬であろうと――ずっと良い成績を上げるということである。おなじように人間も、犬が言っていることに対してふつう偶然以上のレベルで反応できると確信がもてたなら、どんなにいいだろう。これは有益な矛盾だとおもうが、ハーンの考えによれば、経験を積んだドッグ・ハンドラーが用いる、犬が意図をもっていると仮定するようなイディオムは、直解的擬人化――動物の身体のなかに毛むくじゃらの人間の姿を見て、その動物の価値を、西洋哲学の政治理論における、権利をもった人間中心主義的主体とどれだけ似ているかという尺度から測るような擬人化――を、むしろ遠ざけることができるのだという。

直解的擬人化への抵抗と〈つながりあう重要な他者性(significant otherness-in-connection)〉への献身とが、ハーンの動物の権利言説に対する反論のエネルギー源となっている。別の言い方をすれば、彼女が愛しているのは、伴侶動物トレーニングのヒエラルキー的規律によって可能になる、種横断的な達成なのである。ハーンは活動中の卓越性を、美しく、到達し難く、特異(スピシフィック)＝種差的で、パーソナルなものだと考える。彼女が批判するのは、さまざまな有機体を近代主義的な、偉大なる存在の鎖に順位付け、それにしたがって特権や後見人の立場を付与するときに用いられる、精神機能や意識の抽象的な比較尺度なのだ。ハーンは特異性(specificity)を支持するのである。

J・M・クッツェーの小説『動物のいのち』[*4]によって有名になった、動物産業複合体による屠殺をナチス・ドイツのユダヤ人虐殺になぞらえる挑発的な考え方とか、あるいは、動物の家畜化を人間の奴隷制の実践と同等視する考え方は、ハーンの枠組みにおいてまったく意味をなさない。残虐行為も、大切な達成と同じように、実践における優先順位付与をふくめた潜在的な言語を

＊4 J. M. Coetzee, *The Lives of Animals* (Princeton: Princeton UP, 1999)〔森祐希子・尾関周二訳『動物のいのち』大月書店、二〇〇三年〕所収、同題の中編小説を参照。なお、この本はクッツェーの小説とそれに対するバーバラ・スマッツやピーター・シンガーらによる応答をおさめたアンソロジー。

もっていて良いし、倫理的反応にも値するのだ。もっと生に値する諸世界が状況に応じて出現するかどうかは、その差異に対する感受性次第である。ハーンは、犬と人間が、面と向かって、技を生かして対話するときの、あの存在論的コレオグラフィーの美しさを愛している。それこそが、彼女の別の本のタイトルでもある「動物の幸福」のコレオグラフィーであると、ハーンは確信しているのだ。[*5]

一九九一年九月『ハーパーズ』誌に発表された有名な檄文「動物の権利の何がまちがっているか——イヌとウマとジェファソン的幸福について」[*6]において、ハーンは伴侶「動物の幸福」とは何なのかを問うた。彼女の回答は、努力や仕事、そして可能性を実現することをつうじて満足感を得られること、というものだった。そのような幸せは、内部にあるもの——すなわち、ハーン曰く動物トレーナーが「才能」と呼ぶもの——を引き出してやることから生じる。伴侶動物の才能はトレーニングという関係性の仕事を通じてのみ、花開かせることができるという。アリストテレスに則って、ハーンはこの幸福とは根本的に「きちんと（right）やること」、つまり達成のもたらす満足に心身を捧げる倫理学なのだと主張する。犬とハンドラーはトレーニングという労働において、ともに幸福を発見する。それは創発する自然‐文化の例にほかならない。

こうした種類の幸福とは、卓越性への渇望と、それに到達する可能性をもっていることを意味している。それも、カテゴリー的な抽象ではなく、具体的な存在物に認知できる方法で到達できなければならない。あらゆる動物はそれぞれちがっている。その特異性（specificity）――つまり、種類としての特異性と個体としての特異性――が問題なのである。動物たちの幸福の特異性こそが大事（マター）なのであり、それは実際に出現しなければならないものなのである。ハーン流のアリストテレス的幸福およびジェファソン的幸福は、死すべき運命を背負った存在たちの連合として、人間と動物がともに繁栄することを指す。ポスト・サイボーグかつポストコロニアルな諸世界において因習的な人間中心主義が死んだのだとしても、ジェファソン主義的なイヌ中心主義にはいまだ耳を傾ける価値があるだろう。

トマス・ジェファソンを犬舎に持ち込んだハーンの考えによれば、権利の起源は、ばらばらの予め存在するカテゴリー的アイデンティティにあるのではなく、互いに心身を捧げた関係性

---

*5 Vicki Hearne, *Animal Happiness: A Moving Exploration of Animals and Their Emotions* (New York: Harper Collins, 1994) のこと。

*6 Hearne, "What's Wrong with Animal Rights?: Of Hounds, Horses and Jeffersonian Happiness," Harper's (Sept. 1991): n.p.; Rpt. in *Best American Essays, Ed. Susan Sontag* (New York: Houghton Mifflin, 1992) 199-208.

の中に存する。それゆえ、トレーニングにおいて、犬たちは特定（スピシフィック）の人間たちのなかに「諸権利（rights）」を獲得するのである。関係性において、犬と人間は互いのなかに敬意や注意や反応を要求できる権利として、「諸権利」を構築するというわけだ。ハーンはドッグ・オビディエンスの競技を、イヌが人間に対する権利主張のちからを増す場所として描いている。自分の犬に正直にしたがうことは、飼い主にとっては気力を挫かれるような仕事だ。容赦なく政治的で哲学的な言語を使い続けながら、ハーンは、犬たちを教育することで、自分はある関係性に「公民権を与える」のだと主張する。だから、問いは、動物の権利とは何かではなくて——それでは動物の権利が発見されるべく、予め形をもって存在していたかのようだ——どうやってひとりの人間がひとつの動物と権利関係に入っていけるのかということになる。そうした諸権利は、相互所有に根ざし、簡単には消滅しないものとなるだろう。そしてそこから生じる諸要求は、あらゆるパートナーたちにとって、生を一変させてしまうものとなる。

　伴侶動物の幸福や、相互所有や、幸福追求権にかんするハーンの議論は、「ペット」をふくむあらゆる家畜動物の状態を「奴隷」と呼ぶのとはまったく異なっている。むしろ、彼女にとって、顔と顔をつきあわせた伴侶動物との関係性は、何か新しく優雅なものを可能にしている。そして、その新たなものとは、伝統的に財産権的関係として理解されてきたものではないし、人間が所有権の代わりに保護権を得るといった話でもない。ハーンは人間だけではなく、犬たちもまた、道義的理解や真剣な達成にたどりつくことのできる、種に特異的な（species-specific）能力をもった存在だと考えているのである。所有は——財産は——相互性とアクセス権を意味している。わたしが犬をもっているとしたら、わたしの犬は人間をもったことになる。それが具体的に何を意味するのかが問われている。ハーンはジェファソンの所有権と幸福の概念を、トラッキング[*7]や狩り、オビディエンス、家庭における行儀といった諸世界へ持ち込んで、改変していくのである。

ハーンの考える動物の幸せや権利は、同時に、人間の動物に対する義務の中核に苦痛をやわらげることがあるという考え方ともまったく無縁である。伴侶動物に対する人間の義務は、そんなことよりもずっと厳格であり、持続的な残酷さや無関心がこの同じ領域に存する以上、人をひるませるに足るものでもある。環境フェミニストであるクリス・クォモ[*8]が描いた共栄の倫理学がハーンのアプローチに近いだろう。大事なものはトレーニングという関係性の実践において世界

---

*7　飼い主があらかじめつけた匂いの跡をたどらせる、ドッグスポーツのひとつ。

*8　Chris [Christine] J. Cuomo はアメリカの哲学者、女性学者、エコフェミニストで、ジョージア大学哲学女性学教授。著作に *Feminism and Ecological Communities: An Ethics of Flourishing* (New York: Routledge, 1998) など。

に生まれてくるのであり、それによって、参加する者たちはすべからく改変されてゆく。ハーンは言語にかんする言語を愛する。ハーンならばメタプラズムを完全に認識していたことだろう。

アジリティー修業
Apprenticed to Agility

「スポーツ記者の娘のノート」（一九九九年十月）より

親愛なるヴィッキー・ハーンへ

先週、オッシー〔オーストラリアン・シェパード〕雑種のローランドを見守りながら、あなたのことを頭の片隅で考えていて、やはりこういったことは多元的で状況に左右されるものだし、わたしも、犬の気質を記述するときの精度をもっとみがく必要があるんだなと、あらためて思わずにいられませんでした。わたしたちはほとんど毎日、リードなしで遊ぶことができる、崖にかこまれた浜辺へ出かけていきます。そこにいるのはおもにふたつの階級（クラス）の犬たちです。獲物回収犬（レトリーバー）とメタ獲物回収犬（レトリーバー）。ローランドはメタ・レトリーバーです。ときどき（まぁ、レバー・クッキーを一、二枚あげると約束すればいつでもですが）ラステンやわたしとボールで遊ぶことはあっても、ローランドの気持ちはぜんぜん乗らないのです。この活動はローランドにとってそれ自体、報いがあるものではないので、やり方がまるでなっていないわけです。ですが、メタ回収となると話は別です。レトリーバーというのはまるでこの二、三秒に生死がかかっているみたいに、ボールや棒を投げる人をじっと見つめるものですね。ところが、メタ・レトリーバーたちは、そのレトリーバーたちが並外れた感受性でもって投擲物の方向合図やマイクロ秒レベルの跳躍に反応するのを見つめているのです。メタ犬たちはボールや人間を見ているのではありません。〈犬の毛皮を着た反芻動物の代理〉を見ているのです。メタ・モードに入ったローランドは、プラトン主義哲学の授業のために用意された、オゥシーまたはボーダーコリー系の模型みたいに見えます。肩甲骨は下がり、前足をわずかに離して片方だけ前に出し、いつでも飛び出せるバランスに置いています。首まわりの毛はなかば逆立って、視線をじっと動かさず、身体はいつでも激しい、方向性をもった行動へ飛び出せるよう準備をととのえているのです。レトリーバーたちが投擲物を追って走りだすと、メタ・レトリーバーたちはその強靭な視線の外側を走って忍び寄り、いかにも嬉しそうな様子で巧みに頭突きをしたり、かかとに噛みついたり、数珠つなぎになったり、割って入ったりします。上手なメタ・レトリーバーになると、一度に二頭以上のレトリーバーをさばくことさえできます。一方、上手な

図 3
カイエンヌ・ペッパーがタイヤ障害を跳び抜けていく
(Courtesy of Tien Tran Photography)

レトリーバーはメタたちをかわしたうえで、それでも目の醒めるような跳躍を決めて投擲物をキャッチしてみせます。投擲物が海に落ちれば、波間に飛び込んでいくことも。

浜辺にはアヒルもいなければヒツジやウシの代わりもいませんから、レトリーバーたちがメタたちに仕事をしてやらなければならないわけです。レトリーバー関係者のなかには、うちの犬たちに多重タスクを課さないでくれと異議を唱える方たちもいる（かれらを責めることはできません）ので、メタを飼っているわたしたちは、折りを見て、犬たちを別のゲームに誘い出してやらなければなりません。犬にとってのおもしろみはぐっと減ってしまうのですけれど。その木曜日、わたしはローランドを見守りながら、頭のなかで「ゲイリー・」ラーソン風の風刺漫画を描いていました。よぼよぼの関節炎を患ったオールド・イングリッシュ・シープドッグと、かわいらしい赤毛の混じった三色（トリコロール）のオゥシーと、なんらかの種類のボーダーコリーの雑種犬が張りつめた輪を作るなか、さらにシェパードとラブラドールの混血犬と、さまざまなゴールデンたち多数と、ポインター犬に取り囲まれて、人間――「アメリカ（Amerika）」の、とことんリベラルな個人主義者――が、自分の犬にだけ棒を投げようとしているのです。

アジリティー指導者ゲイル・フレイジャーへの書簡(二〇〇一年五月六日)

ゲイル、

あなたの生徒の犬ローランドとわたしはUSDAA(USドッグ・アジリティー協会)のノービス・スタンダードの部で、進級ポイントを二点とりました!

土曜早朝のギャンブラーズ[*1]はもともとうまくいかないだろうとおもっていました。それから、土曜日の夕方六時半にようやく行われることになったジャンパーズ[*2]の走行は、アジリティー精神(アジリチュード)にたいする侮辱そのものといったところでした。言い訳させてもらうと、トライアルが開かれたヘイワードに行くために、三時間睡眠で朝四時半に起きたものですから、夕刻になると、もう立っていられるだけで運が良いくらいになってしまって、走ったりジャ

*1 アジリティーにおける競技のひとつ。オープン・シーケンスとクローズド・シーケンスからなり、前者では競技場内の障害をハンドラーとともに自由な順で回り、後者ではハンドラーが離れて犬だけを送り出し、決まったコースを順番通りに回らせる。つまり、コースを組み立てて得点を稼ぐ部分と遠隔指示の正確さを競う部分からなる。

*2 アジリティーのうち、ジャンプ障害をメインにしたもの。ジャンピングともいう。

ンプしたりするなんて考えられない状態だったのです。ローランドとわたしはジャンパーズ・コースを完全にばらばらに走ってしまい、そのうえ、どちらも審査員が指示したルートをたどれませんでした。でも、土曜日と日曜日のスタンダード走行は両方ともかなりうまくいって、片方では一着のリボンをもらえたのです。ローランドの四肢とわたしの両肩とは生まれながらのダンスパートナーという感じでした。

来週日曜、カリフォルニア州ディクソンのホート・ドーグス〔ドッグ・クラブ〕に、カイエンヌの初めての力試しに行ってきます。幸運を祈って下さい。コース上で大失敗する方法はいくらでもありますが、いまのところ全部楽しめていますし、少なくとも何かしら学べるところが良いですね。日曜の午後、ヘイワードでのわたしたちの走行を分析して、ある男性とわたしは米国文化（というのは、つまり、わたしたちのことですが）の宇宙的傲岸不遜さについて冗談を言い合いました。わたしたちは過ちには原因があるもので、しかもその原因を知ることは可能だとだいたい信じているわけです。これにはきっと神々も笑っていることでしょう。

ゲームの物語

The Game Story

アジリティーというドッグスポーツは馬の障害競技にヒントを得たもので、一九七八年、ロンドンで開催されたクラフツ・ドッグショーのオビディエンス決勝戦のあと、グループ審査を待つあいだの休憩時間のショーとして登場したのが最初である。アジリティーの血統には一九四六年にロンドンで始まった警察犬訓練もあり、そこではそれ以前から陸軍がイヌの隊員のために採用していた傾斜の強いAフレームのような〔アルファベットのAの形に板をわたした〕障害物が使われていた。犬のワーキング・トライアル〔警察犬訓練を一般の犬に応用した競技〕は、高さ三フィート〔約〇・九メートル〕のバー・ジャンプ、高さ六フィート〔約一・八メートル〕のパネル・ジャンプ、幅九フィート〔約二・七メートル〕のジャンプをふくむ、体力を要するイギリス式の競技会だが、これもまた、アジリティーの家系における第三の〔DNAの〕鎖となっている。初期のアジリティー競技会では、シーソーが子どものための公園からかき集められた。トンネルとして活用されたのは炭鉱の換気シャフトだった。男たち——英国のドッグ・トレーナーでアジリティー史研究家であるジョン・ロジャーソンの言葉によると「炭鉱の底で働いていて、ちょっと犬たちと遊びたいと思った奴ら」——が、こうした活動の最初の愛好家たちだったからである。その後、ペディグリー・ペットフード社がスポンサーとなったクラフツ・ショーやテレビ番組が、このドッグスポーツでは、人間のジェンダーや階級は、使われる機材の系統とおなじくらい多様であってかまわないと保証してくれたのだ。

英国で大人気を誇るアジリティーは、かつて犬が家畜化を経て散らばっていったのよりもずっと速いスピードで全地球へ広まっていった。米国ドッグ・アジリティー協会（USDAA）が設立されたのは一九八六年のこと。二〇〇〇年までにアジリティーはアメリカ全土で数百の大会を数え、数千人の熱狂的な参加者を得るまでになっている。一般的にいって、週末のイベントには三百組以上の犬とハンドラーが集まるが、その多くのチームは月に一回以上トライアルに参加し、最低でも毎週トレーニングをおこなっている。アジリティーの人気はヨーロッパ、カナダ、南アメリカ、オーストラリア、日本にまでおよぶ。たとえば、二〇〇二年の国際畜犬連盟世界選手権大会の優勝者はブラジルだ。USDAAグランプリはテレビ中継され、アジリティーのファンたちはその録画を見て、有名な犬とハンドラーのチームの新しい動きや、悪魔のような審査員が考案した新しいコース・レイアウトなどを熱心に研究するのだ。また、有名なハンドラー兼指導者が参加する一週間程度のトレーニング合宿は、毎回数百の生徒を集め、いくつかの州で開催されている。

アジリティー専門の月刊高級誌『クリーン・ラン』を見れば明らかなように、アジリティーの技術的な要求は以前よりもずっと増してきている。コースにはジャンプや、高さ六フィートのAフレーム、十二本連続のウィーブ・ポール、シーソーなど、二十ほどの障害物が審査員の決めたパターンどおりに並べられている。ゲームが違えば――それぞれスヌーカー[*1]、ギャンブラーズ、ペアーズ[*2]、ウィーブ入りジャンパーズ、トンネラーズ[*3]、スタンダード[*4]といった名がついている――障害物の組み合わせもルールも異なるし、要求される戦略も多岐にわたる。選手たちは大会の日に初めてコースを目にし、十分程度歩いてみて、走行コースを考える。犬たちとなると、実際に走ってみるまではコースを見ることがないのである。人間が声と身体を用いてシグナルを出

＊1　障害はハードルのみだが、最初の数十秒は好きなように跳び、時間が来たら決められた順番で跳ぶゲーム。
＊2　ふたつのチームがリレー形式でスタンダードのコースを走るもの。
＊3　トンネルのみからなるゲーム。
＊4　基本的に全種類の障害物を、決められた順番にこなすゲーム。

すと、犬たちは示された順序にしたがって、障害をものすごいスピードで縫っていく。得点はタイムと正確さによって決まる。一回の走行はだいたい一分かそれ以下だから、競争は秒単位で決定される。アジリティーは骨格・神経周辺の筋肉の収縮速度にかかっているのだ！　大会のスポンサー団体によって異なるが、犬と人間のチームは一日に二〜八個の競争を走ることになる。障害物のパターンを認識し、体の動かし方を知り、難しい障害物をこなす技を身につけ、犬とハンドラーのあいだの協調とやりとりを磨き上げること。それが良い走りのための鍵となる。

アジリティーには金もかかる。移動費用、キャンプ費用、大会参加登録料、トレーニング代をあわせるとゆうに年二千五百ドルに達してしまう。それに、上手になるには、チームは毎週数回練習し、身体を健康に保つ必要がある。犬にとっても人間にとっても、時間的なコミットメントは小さくないのだ。米国では、中流階級の中年白人女性がこのスポーツの圧倒的多数を占めている。一方、国際的に優秀な選手たちはジェンダーも肌の色も年齢もさまざまだが、おそらく階級的にはそれほど多様ではないだろう。あらゆる種類の犬たちが参加し、優勝もしているが、特定の犬種――ボーダーコリーやシェットランド・シープドッグ、ジャック・ラッセル・テリア――は高跳びクラスで群を抜いている。この競技はまったくのアマチュア・スポーツであり、運営するのもプレイするのもボランティアや参加者自身である。このスポーツを研究（競技参加も）し

図 4
バー・ジャンプを跳び越えて進むローランド
(Courtesy of Tien Tran Photography)

ているユタ州の社会学者たち、アン・レフラーとデア・ギレスピーは、アジリティーを、公／私、仕事／余暇のインターフェイスを問題化する「情熱的な職業＝趣味（passionate avocations）」として論じている。*5 わたしもスポーツ記者である父に、アジリティーはフットボールをさしおいて、世界レベルのテニス大会と同じくらいきちんとテレビ中継されるべきだと、説いて聞かせている。犬たちとともに過ごす時間や仕事から喜びを得ているという、シンプルでパーソナルな事実があるというのに、それ以上のことを、わたしはなぜ気にかけるのだろう。これほどたくさんの切迫した生態系的危機や政治的危機があふれている世界で、そもそも、どうして気にかけることなどできるのだろうか。

何者かを愛し、心身を捧げ、その者とともに技術を磨きたいと熱望する気持ちは、ゼロ・サム・ゲームではない。ヴィッキー・ハーンがいう意味でのトレーニングのような愛の行為は、それに連結された他の、創発＝出現しつつある諸世界を気にかけ、それらを大切におもうような愛の行為を生み出して（ブリード）いく。それがわたしの伴侶種宣言の中核にほかならない。わたしは経験上、アジリティーがそれ自体として特別な良さをもっているとおもうし、より現実世界的に生成する（to become more worldly）方法でもあるとおもう。より現実世界的に生成するとは、つまり、生に値する諸世界を作り上げるために要求される、あらゆる尺度（スケール）での〈重要な他者性〉の要請にただちに反応できるよう、注意を怠らないでいることである。ここで悪魔は、ほかの場所と同じように、細部にひそんでいる。さまざまな繋がりは細部に存する。いつかわたしは、フーコーに敬意を表した『犬舎の誕生』ではないにしても、わたしの別の先祖にちなんで『スポーツ記者の娘のノート』と題した大著[*6]を書いて、わたしたちが繁栄させなければならない多くの諸世界に犬を結びつけている幾多の糸について、論じてみようとおもう。だが、ここでできるのは示唆することだけである。そのために、わたしのアジリティーの師であるゲイル・フレイジャーが生徒に対していつも使う三つのフレーズに訴えかけて、情熱＝文彩的(トロピカル)な仕事をしたい。それはこういうものである。「あなたは犬を離れてしまった」「だから、犬はあなたを信頼しない」「あなたの犬を信頼しなさい」

この三つのフレーズは、わたしたちをマーコの物語や、ギャレット流ポジティブな絆や、ハーンの荒々しい美しさへと立ち返らせる。わたしの師がそうであるように、優秀なアジリティー指導者は、生徒たちがどこで犬を離れてしまったか、そしてどのしぐさや動作や態度が信頼を阻ん

＊5　Dair L. Gillespie, Ann Leffler, and Elinor Lerner, "Safe in Unsafe Places: Leisure, Passionate Avocations, and the Problematizing of Everyday Public Life," *Society of Animals* 4.2 (1996): 169-88.

＊6　のちに刊行された『犬と人が出会うとき』のこと。

でいるかをきっちり指摘することができる。実際、離れるというのは、まったく文字通りの意味なのだ。はじめは動きが些細なことにみえ、重要ではないように感じる。タイミングの要求が多すぎて難しすぎることも、求められる首尾一貫性が厳密すぎ、先生が要求しているものが多すぎるようにみえることもある。それからやがて、犬と人間は、たとえ一分間だけであろうと、どうしたら相乗りする「一緒にやっていく」ことができるか、どうしたら純然たる喜びと技術をたよりに難しいコースを進んでいけるか、どうやって理解しあうか、そして、どうしたら正直になれるのかを把握するのだ。ゴールは、鍛錬を積んだ即興性という矛盾語法（オクシモロン）である。犬と人間は両方とも主導権を取れなければならないし、相手に対して従順に応答できなければならない。そのつとめとは、一貫性のない世界で一貫性をもつようになることである。敬意と応答とを肉体や走りやコース上に生み出していく、存在の連結したダンスに関与するために。そして、同じようにあらゆる尺度で、あらゆるパートナーたちとも生きていく方法を、忘れないでいるために。

犬種の物語 Breed Stories

本書がこれまでに前景化してきたのは、人間や動物や無生物の諸行為体（エージェンシー）によって相互構成された、二種類の時空間の尺度（スケール）であった。すなわち、（一）惑星地球のレベル、および地球がもつ自然‐文化的種（しゅ）というレベルからみた、進化の時間と、（二）死すべき身体と個体の生存時間という尺度からみたときの、顔と顔をつきあわせた時間のことである。進化の物語は、わたしの政治的な仲間が生物学還元主義に対して抱いている恐怖感をなだめたうえで、かれらをサイエンス・スタディーズにおけるわたしの同僚ブルーノ・ラトゥールとともに、自然‐文化のもっとずっと生き生きとした冒険へと誘い出そうとしたものである。愛の物語とトレーニングの物語は、還元することができない個人的な細部において、世界に敬意を払おうとしたものだった。反復されるたび、わたしの宣言はフラクタルに機能して、同じような形の注意や、傾聴や、敬意を何度もしるしていく。

そしていま、別の尺度＝音階（スケール）のトーンを響かせるときがきた。それは数十年、数百年、さまざまな個体群、諸地域、そして諸国家という尺度で測られる歴史的な時間のことである。ここで、わたしはケイティ・キング[*1]のフェミニズムと記述テクノロジーにかんする仕事を借用したい。キングは、グローバル化の諸過程に関連して創発＝出現してきた、分析の方法論をふくむ意識の諸形態を、いかに認識したらいいか問うている。彼女が論じるのは、分散された諸行為体、「ローカルなものたちとグローバルなものたちがなす諸層」、そしてこれから現実化されるべき政治的諸未来についてである。犬関係者（ドッグピープル）はもっと生き生きとした、多種から成る未来を形づくるために、数々の困難な歴史を継承する方法を学ぶ必要がある。さまざまな層が重なりつつ、それでいて分散しているという複雑性に注意を向けることで、わたしは、悲観的決定論とロマンティックな理想主義の両方を回避することができる。犬界（ドッグランド）は、ローカルなものたちとグローバルなものたちがなす諸層から出来上がっているというわけだ。

犬界で尺度がどう作られているかを考えるには、フェミニスト人類学者アナ・ツィン[*2]の仕事を参照しなければならない。彼女は現代インドネシアを舞台にした金融のトランスナショナルな駆け引きにおいて、何が「グローバル」とみなされるようになるのかを問い直している。彼女がそこに見出したのは、すでにフロンティア、中心、ローカル、グローバルといった形や尺度において予め存在している諸実体ではなく、むしろ、世界を作り出すような種類の「尺度作り」であった。そして、その尺度作りにおいては、閉じられたように見えていたものをふたたび開くことが依然として可能なのである。

最後に、経験は〈生きている歴史的労働〉であるという、ネファティ・タディア[*3]の見解を——文字通り、犬界に移動するという意味で——翻訳してみたい。タディアによれば、この〈生きている歴史的労働〉を通じて、諸主体は、〈資本主義〉や〈帝国主義〉といった〈大きなアクター〉にとっての原材料に還元されてしまうことなく、権力の諸システムへ構造的に状況づけられる。

＊1　Katie King はメリーランド大学カレッジパーク校女性学教授。一九八八年、ハラウェイが教鞭をとっていたカリフォルニア大学サンタ・クルーズ校意識史課程にて博士号を取得。著書に *Networked Reenactments: Stories Transdisciplinary Knowledges Tell* (Duhram: Duke UP, 2012) など。ハラウェイは「サイボーグ宣言」（一九八五）のなかでも当時大学院生だったキングの研究を参照している。

＊2　Anna (Lowenhaupt) Tsing はカリフォルニア大学サンタ・クルーズ校人類学教授。著書に *Friction: An Ethnography of Global Connection* (Princeton: Princeton UP, 2004) など。伴侶種についての論文 "Unruly Edges: Mushrooms as Companion Species," *Environmental Humanities* 1 (2012): 141-54 も参照。

＊3　Neferti (Xina M.) Tadiar はバーナード・カレッジ女性学教授。ハラウェイの同僚としてカリフォルニア大学サンタ・クルーズ校意識史課程で九年間教鞭をとったのち、現職。著書に *Things Fall Away: Phillipine Historical Experience and the Makings of Globalization* (Durham: Duke UP, 2009) など。

その諸主体のなかに犬をふくめても彼女は許してくれるだろうし、少なくとも暫定的には人間‐犬の二者一対を使わせてくれるだろう。いまから、ふたつに分岐した種類の犬たち——家畜護衛犬（護畜犬）と牧羊犬——と、そうした種類から創発＝出現し制度化された犬種たち——グレート・ピレニーズとオーストラリアン・シェパード——の歴史、さらに、犬種や種類が固定されていない犬たちの歴史が、わたしのフェミニスト的、反レイシズム的、クィア的、社会主義的同士たちとの結束において——すなわち、あらゆる究極的な希望がそうであるように、否定的な名付けを通じてのみ知ることができる想像の共同体との結束において——強力な現実世界の意識を形づくることができるかどうかをみてみよう。

そうした否定的方法において、わたしは宣言的な物語を躓きながら語ろう。犬の犬種や種類にかんしてはその起源や行動習性の物語が無数にある。だが、すべての語り（ナラティヴ）が生まれながらにして平等なわけではない。わたしの犬界における恩師たちは彼女たち流の犬種の歴史を教えてくれたが、それは非専門家によるものと科学的なもの、その両方の文書的・口承的・実験的・経験的証拠を尊ぶものだとわたしは考えている。これから続く物語は、わたしをその構造へと〈呼びかけ〉入れ、自然‐文化に生きる伴侶種たちについて重要な何かを示してくれる、混成物なのである。

グレート・ピレニーズ

Great Pyrenees

ヒツジやヤギの牧畜民にゆかりのある番犬はその歴史を数千年前にさかのぼり、地域的にもアフリカ、ヨーロッパ、アジアの広大な土地にわたっている。無数の家畜や羊飼いや犬たちが市場を行き交い、季節ごとに牧草地を移動する——それは北アフリカのアトラス山脈から、ポルトガルやスペインを横断し、ピレネー山脈一帯から南欧をわたって、トルコや東欧へ、さらにユーラシアからチベットをとおって中国ゴビ砂漠にいたる地域でおこなわれている——そのローカルな移動と長距離の移動とは、土と岩に文字通り深い足あとを刻んできたのである。レイモンド・コピンジャーとローナ・コピンジャーは、充実の解説書『犬たち』[*1]のなかで、この足あとを氷河の浸食にたとえている。牧畜護衛犬（護畜犬）は地方によって見かけも身振りもはっきり異なる種に進化したが、性的なやりとりにおいては、つねに近隣の集団や外からやってきた集団とも結ばれていた。高度がより高く、北寄りの寒い気候のなかで進化した犬たちは、地中海や砂漠の生態系に暮らす犬たちよりも身体が大きい。さらに、アメリカ大陸征服として知られる巨大な遺伝子交換のなかで、スペイン人やイングランド人、その他ヨーロッパ系の人びとがマスティフ・タイプの大型犬やシェパード・タイプの小型犬を南北アメリカへもたらした。そのような個体群は互いに関連しあっていて、なおかつ、無作為に混合したとは決していえないものであるから、歴史という例の難物がどう転ぶかによっては、生態学や集団遺伝学をあつかう生物学者の夢にも悪夢にもなりうるのだ。

十九世紀中葉以降のケネルクラブにおける護蓄犬種の育成は、限られた血統から始まった。すなわち、スペインはバスク原産のピレニアン・マスティフ、フランスやスペイン国境地帯のバスク地方産グレート・ピレニーズ、イタリアのマレンマ、ハンガリーのクーバース、トルコのアナトリアン・シープドッグなどの、個体数もまちまちな地域的犬種から派生したのである。こうした閉じられた「島状態の」個体群は遺伝子学的に健やかといえるのか、そして、それにどのような機能的重要性があるのかについては、犬界（ドッグランド）でも喧々諤々の議論が重ねられている。ブリードクラブはある意味、絶滅危惧種を保護する団体のようなものだ。過去の遺伝子的な自然・人為淘汰システムで個体群が極端に減ったり途絶えてしまったりした結果について、持続的で組織的な行動が要求されるからである。

伝統的に、護畜犬は家畜の群れをクマ、オオカミ、泥棒、ほかの犬から護衛する。護畜犬は牧羊犬とおなじ群れで働くことも多いが、イヌたちの仕事は異なり、やりとりも限られている。地域ごとにはっきり異なる特徴をもった小さめの牧羊犬は、すぐそばにいくらでもいた。そのうちのコリー・タイプについては次節でオーストラリアン・シェパードを紹介するときにみることにしよう。牧畜経済の巨大な土地的広がりや時間的スパンのどこにおいても、牧畜民は、生存や繁殖の可能性を直接左右する機能的な犬種標準（スタンダード）を犬たちにあてはめ、犬種タイプを形づくってきた。人間の意図とは無関係に、生態学的な諸条件もまた、犬やヒツジたちを形づくった。それに、犬は犬で異なった基準をもちいて、機会さえあれば近場の犬たちを相手にみずからの性的嗜好性を発揮したのである。

護衛犬はヒツジの群れをまとめない。境界をパトロールし、熱心に吠えてよそ者を追い払うこ

＊1 Raymond Coppinger and Lorna Coppinger, *Dogs: A Startling New Understanding of Canine Origin, Behavior, and Evolution* (New York: Scribner, 2001) 参照。同書は翌年シカゴ大学出版局から再版されている。レイモンド・コピンジャーはハンプシャー・カレッジ生物学名誉教授で、犬の行動学者、犬ぞりチャンピオン。その妻ローナ・コピンジャーは犬について精力的に執筆している作家。夫妻はともにハンプシャー・カレッジの家畜護衛犬プロジェクト（Livestock Guarding Dog Project 後出）の創立メンバー。

とによって、捕食者たちからヒツジを守るのである。しつこい侵入者には襲いかかり、殺すことさえあるが、その攻撃を調節して威嚇程度にとどめる能力は伝説的だ。また、危険の種類やレベルによって、吠え方をはっきり変化させることにも長けている。そもそも、家畜護衛犬の捕食習性は弱いことが多い。子犬たちのあそびにおいても、追いかけっこしたりオモチャを取ってきたりしないし、頭突きをしたり、かかとに咬みついて相手を追い立てたり、前足でつかんで咬みついたりすることはほとんどない。仮に犬たちが家畜やお互い相手にそんな遊びをはじめたら、羊飼いたちはすぐにやめさせるだろう。それでもやめない者は護畜犬の遺伝子プールからは出ていくことになる。現役で働いている護畜犬は若い犬たちに仕事のこつを見せてやる。それができないときには、ひとりぼっちの子犬や若犬がよい護衛犬になれるように、知識豊富な人間が手助けをしてやらねばならない。だが、逆にいえば、〔人間の〕無知のせいで学び始めたばかりの犬を失敗者にしてしまうこともあるのだ。

　往々にして家畜護衛犬は猟犬としては不器用である。それに生社会学的な好みや育ちのせいで、より高度な、服従性（オビディエンス）競争には惹かれないことが多い。だが、この犬たちが複雑な歴史的生態のただなかで、独立して意思を決定していく様子は感動的ですらある。雌ヒツジの出産を助け、生まれたばかりの子ヒツジをなめてやった護畜犬の物語からもあきらかなように、この犬は受け持った家畜と強く絆を結ぶ能力を有しているのである。家畜護衛犬は、グレート・ピレニーズがそうであるように、警戒を苦にもせず、昼間はヒツジたちのあいだをぶらぶら歩きまわり、夜はパトロールして過ごすだろう。

護畜犬と牧羊犬がものを学ぶ難易度には、それぞれ差がある。どちらの種類の犬も自分のコアの仕事を完璧に飲み込むことはないし、ましてや、ほかの犬の仕事は覚えられるはずもない。犬たちの機能的な働きや態度は命令され、奨励される――つまり、その意味で訓練される――し、その必要もあるのだが、そもそも、追いかけたり集めたりすることに喜びを見出さず、人間と働くことに深い関心をもたないような犬に、上手に群れを作る方法を教えることはできない。たとえば、群れをまとめる牧羊犬は子犬のころから強い捕食習性をもっているものだ。人間の羊飼いや草食動物たちに身体の動かし方（コレオグラフ）を指示されて、捕食パターンの諸要素を制御し、捕食行動から獲物を殺して身を切り裂く部分を排除すれば、それこそが牧羊犬の仕事に相当するのである。同様に、テリトリー防衛意識が低く、侵入者にほとんど疑いをもたず、社会的な絆をむすぶことに喜びを見出さないような犬に、その意義をゼロから教えることは、世界で一番大きなクリッカーを使っても無理なのだ。

ヨーロッパでは少なくともローマ時代から家畜の群れをまもってきた大型白毛の護衛犬たちが、

フランスで記録にあらわれるのは数世紀前のことである。ロンドンのケネルクラブにピレニアン・マウンテン・ドッグが登録されるのは一八八五から八六年にかけてのこと。はじめてピレたちがイングランドに繁殖のため連れて来られたのは一九〇九年だった。一方、一八九七年出版の記念碑的な百科事典『犬の種族（*Les races des chiens*）』において、アンリ・ド・ビラント伯はピレニアン種の護衛犬の記述に数ページを割いている。一九〇七年には、フランスのルルドとアルジェレスで相競うクラブを形成していたふたつの愛好家グループが、価値ある「純血種」としてマウンテンドッグを購入した。資本主義による近代化と階級形成によって、そのような暮らしがほとんど不可能になった時代には典型的な現象だが、近代育種には、牧羊農夫とその動物たちをロマンティックに理想化する姿勢とあいまって、純血種と高潔さの言説がゾンビのようにつきまとっている。

フランスのブリードクラブや犬たちの大半は第一次世界大戦によって壊滅状態になった。山岳地帯で働く護衛犬たちは、戦争と不況で大打撃を受けたのだ。だが、クマやオオカミが根絶されたせいで、犬たちは十九世紀末にはすでに仕事のほとんどを失っていた。ピレたちは家畜を護衛する仕事につくよりも、村落をぶらぶらし、旅行客や収集家に売られていくことの方がふえた。一九二七年、外交官でドッグショーの審査員であり、ピレネー地方出身のブリーダーだったベル

図5
カリフォルニア州サンタバーバラで開催されたアメリカ・グレート・ピレニーズ・クラブの全国スペシャルティーショー（単種犬展）に参加したメアリー・クレイン。彼女のとなりにいる犬はアーマンド（登録名Ch. Los Pyrtos Armand of Pyr Oaks）で、その日、スタッドドッグ〔種オス〕・クラスの優勝者となった。アーマンドのとなりは二頭の娘たち、準優勝ビッチとなったインピーとベスト・オブ・オポジット・セックス賞のドリフティ。若いリンダ・ワイザーがドリフティとともに写っている。ドリフティには子がなかったが、ワイザーの「わが心の犬」インピーは米国西海岸のあらゆる犬舎に子孫を残している。息子であるオス犬を通じて、アーマンドはキャサリン・デラクルーズの農場で働く犬たちの祖先になっている。
（Photo by courtesy of L. Weisser and C. de la Cruz）

ナール・セナック＝ラグランジュが少数の残っている愛好家たちとともにピレネー犬愛好家リユニオンを創設した。現在の犬種標準の基盤となる記述を残したのもかれらだった。

一九三〇年代、マサチューセッツ州のメアリー・クレイン（バスクエアリー・ケネルズ）とベルギー出身でイングランドに嫁いでいたジャンヌ・ハーパー・トロワ・フォンテーヌ夫人（ド・フォンテーヌ・ケネル）という、二人の裕福な女性たちの真剣な収集によって、多くの犬たちがフランスから連れ出された。アメリカ・ケネルクラブがグレート・ピレニーズを公認したのは一九三三年である。だが、その後、第二次世界大戦がピレネー地方に残っていた護畜犬にさらなる打撃をくわえ、フランス系および北欧系ケネルに登録された犬たちはほとんど消え去ってしまった。ピレの歴史家たちは、犬たちの血縁関係の近さや血統を調べるために、メアリー・クレインやハーパー夫人らが、どれくらいの数の犬を村人や愛好家から購入したのかを解明しようとしてきた。その結果、多くが互いに血縁関係にあるわずか三十頭ほどの犬たちが、継続的なかたちで米国のピレ遺伝子プールに貢献していることがわかっている。第二次大戦の終わりまで、それなりの大きさがあるピレ集団といえば英国と米国にしか存在しなかったのである。とはいえ、米国とヨーロッパのブリーダー交流の甲斐あって、のちにフランスや北欧でも犬種が復活している。犬たちが継続的に存在しえたのは、おもに犬を愛する、熱心なショー愛好者やブリーダーたちのおかげだった。ただし、メアリー・クレインが収集を始めた一九三一年から一九七〇年代にいたるまで、米国のピレ犬たちはほとんど家畜護衛犬として働いたことはなかった。

それが変わったのは、一九七〇年代初頭、米国西部で捕食動物管理に新しいアプローチが生じたことがきっかけである。野犬はたくさんのヒツジを殺す。コヨーテもまた家畜を殺す。したがって、牧場労働者たちは野犬やコヨーテといった捕食動物を容赦なく毒殺し、罠にかけ、射殺していた。キャサリン・デラクルーズは一九六七年にはじめてピレ種のショウ・ビッチのベルを手に入れ、その後、カリフォルニアでこの犬種の「女子修道院長（マザー・スーピリア）」と呼ばれ、リンダ・ワイザーの恩師でもあったルース・ローズのもとで、グレート・ピレニーズについて学んだ人物である。デラクルーズは、当時ソノマ郡の酪農場に住んでいた。この中産階級的な西海岸のピレのいる風景が、この犬種の文化と未来に重要な変化をもたらしたのである。

一九七二年、カリフォルニア大学デイヴィス校の科学者がデラクルーズの母親に電話をかけ、捕食動物の減少について相談した。当時アグリビジネスの研究をおこなう大学や米国農務省は、毒物にたよらない捕食動物コントロールを真剣に検討しはじめていた。環境活動家や動物愛護運動家たちの声が、国民の意識や国家政策に届きはじめ、捕食動物を殺すための毒物使用を連邦規模で禁じることも論じられていたのである。そのころ、デラクルーズが飼っていたベルはドッグショーがないときは乳牛たちとともに過ごしていたが、その牧場では捕食動物による問題が一度も起こらなかった。「それでひらめいたんです」とデラクルーズは語る。グレート・ピレニーズの犬種標準（スタンダード）には、この犬たちがクマやオオカミから家畜の群れを守るという特徴が記されているが、それは誰かが実際に観察して記したものというよりは、ショー愛好家が書いた象徴的なお話（ナラティヴ）にすぎない。なにはともあれ、制度化された犬種における記述された標準（スタンダード）というのはそもそも理想的なタイプと起源物語のことなのである。デラクルーズは彼女自身の起源物語として、自分が知っているピレたちが、ヒツジやウシを実際に野犬やコヨーテから護衛できるかもしれないと考え始めたのはそのときだった、と語る。

　デラクルーズは知り合いの北カリフォルニア牧羊業者たちに子犬を分けた。そこから彼女とワイザーを含む、その他少数のピレのブリーダーたちが、（成犬を含む）犬たちを大牧場に斡旋し、どうしたら犬たちが役に立つ「捕食者管理犬（Predator Control Dogs）」になれるか手探りをはじめた。デラクルーズ所有の酪農場はヒツジ牧場に変えられ、デラクルーズ本人も牧羊業者の協会に入った。一九七〇年代末、彼女は犬をコヨーテ撃退に使いたがっていた牧羊業者グループの活動家マーガレット・ホフマンに出会った。ホフマンはデラクルーズからスノ・ベア号を譲り受けると、繁殖させて、そのすべての子たちを使役犬として斡旋した。デラクルーズは二〇〇二年十一

図 6
仕事を学ぶグレート・ピレニーズの子犬
(Photo courtesy of Linda Weisser)

月のわたしとのインタビューで、使役犬とつきあい世話をすること、牧畜業者と緊密な連携をとること、そしてカリフォルニア大学デイヴィス校や農務省関係者と研究や斡旋の点で協力することを、「ありとあらゆる失敗をおかしながら」模索してきたと語っている。

一九八〇年代、アメリカ・グレート・ピレニーズ・クラブの犬種標準改訂委員会のメンバーであったリンダ・ワイザーとイヴリン・スチュアートは、機能的な使役犬は「ピレの犬種標準に追加される項目として」はっきり考慮の対象になっていると明言した。そのころにはもう、デラクルーズは犬たちをドッグショーの形態審査(コンフォメーション)に出場させる一方、国中に使役犬としてピレを斡旋していた。少数ではあったが、その犬たちのなかには牧草地から帰ってきて、風呂で洗ってもらい、大会で優勝すると、またすぐ仕事に戻る者もいた。「二重目的犬」がピレのブリーディングと犬種教育の精神的・実践的理想となったのである。この理想に到達するための指導には、あらゆる種類の労働上の――そして労働集約的な――諸実践(プラクティス)がふくまれている。そこには護畜犬ディスカッション・リストや、グレート・ピレニーズ・ディスカッション・リストの牧畜護衛トピックなど、インターネット上のリストサーブを管理することも含まれる。専門家ではない人びとの知識、ボランティア労働、そして協力しあう実践的なコミュニティが極めて重要だ。特に、米国においても働いているピレはみな四十年以上の歴史をもつペットホームやショーホームに由来している。伴侶種と創発的自然‐文化は目を向けるあらゆる場所にあらわれてくる。

この物語の鍵となるアクターたちは、一九七〇年代半ばにアイダホ州デュボイスで始まった米国農務省（USDA）米国ヒツジ実験局のジェフリー・グリーンと、その後任ロジャー・ウッドラフである。彼らの最初の護衛犬はコモンドール種（ハンガリー）であり、その後、いっしょに働いたのはアクバッシュ種（トルコ）とピレだった。わたしのピレ情報提供者たちは、彼らのことを大変な尊敬をこめて語る。USDA職員は牧畜業者に護衛犬を使ってみるよう促す一方で、ブリーダーたちに助けを請い、同僚のように遇したのである。たとえば、ウッドラフとグリーンは一九八四年、アメリカ・グレート・ピレニーズ・クラブの全国単種犬展（スペシャルティーショー）において、護畜犬にかんするセミナーを開いている。北米に現役の護畜犬が再出現した物語の一部として、一九八〇年初頭のハル・ブラックによる研究を挙げることもできるだろう。[*2] この研究はナヴァホ族が雑種犬を効果的に使って牧羊してきた実践を取り上げ、ほかの牧畜業者たちが教訓を得るきっかけとなったのである。

---

*2 Hal (L.) Black はブリガム・ヤング大学植物野生動物学教授。"Navajo Sheep and Goat Guarding Dogs: A New World Solution to the Coyote Problem," *Rangelands* 3.6 (Dec 1981): 235-38 参照。

牧場経営者の再教育はＵＳＤＡプロジェクトの重要な一環であり、ピレ関係者はそのプロセスに精力的に関与した。牧場経営者は公有地払い下げ（ランドグラント）大学の科学に基づいた近代化イデオロギーに肩までつかっているため、犬たちを時代遅れのものと決めつけ、商業的に出まわっている毒物の方が進歩的でもうけになると考えがちである。犬は手っ取り早い解決策にはならない。犬たちを用いれば日々の労働実践や時間的経済的投資を変化させることが要求されるからである。だが、牧畜業者と協力して変化を生み出そうという取り組みは、大成功ではないにせよ、いまのところなんとかうまくいっている。

一九八七年と一九八八年の二年間で、ＵＳＤＡプロジェクトは全米に百頭の護衛犬の子どもを斡旋した。その大半がピレである。ＵＳＤＡの科学者たちはブリードクラブ関係者の主張に同意し、このプロジェクトを通じて斡旋された犬たちに不妊・去勢手術をほどこした。そうすれば、少なくとも、ブリーダーたちが犬の福祉や遺伝的健康にとって有害だと考える犬繁殖工場（パピーミル）やほかの繁殖手段から犬たちを遠ざけておくことができるからである。さらに、使役犬の股関節形成不全症リスクを減らすため、子犬の親たちはすべて股関節のＸ線検査を受けている。一九八〇年代後半の調査では、八〇パーセントの牧場経営者たちが護衛犬、なかでもグレート・ピレニーズを、経済的な資産とみなしていることがわかった。二〇〇二年には全米で数千頭の護衛犬がヒツジ、ラマ、ウシ、ヤギ、ダチョウなどを守る任を負うまでになった。

レイモンド&ローナ・コピンジャー夫妻や、ハンプシャー・カレッジ付属ニューイングランド・ファーム・センターの同僚学者たちもまた、一九七〇年代にトルコから連れて来られたアナトリアン・シェパードを手始めに研究を進め、アメリカの農場や牧場に数百頭の護畜犬を斡旋した。レイモンド・コピンジャーはオックスフォード大学におけるニコ・ティンバーゲン[*3]の動物行動学教室の流れをくむ博士であり、また、コピンジャー夫妻はそろって犬ぞりレースに真剣に取り組んできた経歴をもっている。夫妻はわたしの物語で重視される一般人ブリーダーたちよりも、つねに世間の注目を集めてきたし、直接護畜犬の仕事に関わった人をのぞけば他の科学者たちにも名が通っている。そして夫妻は、わたしの知るピレ関係者とは、護衛犬について多くの点で意見が異なる。たとえば、ハンプシャー・カレッジのプロジェクトでは、斡旋した犬たちに不妊手術をしなかった。効果的な家畜護衛犬を育てるのに唯一決定的な可変要素は成犬になるまでの社会的環境だと考えていたために、犬種ごとの特徴をかならずしも重視するわけではなかったので

＊3　Niko [Nikolas] Tinbaargen（1907-88）はオランダ出身の著名な動物行動学者・鳥類学者。一九七三年、コンラート・ローレンツらとともにノーベル医学生理学賞受賞。オックスフォード大学で指導した教え子にはリチャード・ドーキンスやデズモンド・モリスがいる。

ある。ハンプシャー・プロジェクトでは小さな子犬を斡旋し、生社会的発達や遺伝的行動偏向についても異なる見解を教え、また、人間に対する指導と犬に対する指導を別物として扱っていた。

ピレ関係者はほとんどコピンジャー夫妻に協力しなかったし、最初から反感をもっていた。その結果、コピンジャー夫妻はブリードクラブの倫理学が強くはたらくグレート・ピレニーズにはほとんど手を出せなかった。ここで細かい差異を論じることはできないので、コピンジャーの考えをお知りになりたければ『犬たち』をお読みいただきたい。ただし、その本にはピレ関係者のことがひとことも触れられていないし、ピレ関係者たちが家畜護衛犬を斡旋していることも、ジェフ・グリーンやロジャー・ウッドラフと最初から協力関係にあったことも書かれていない。一九九〇年のUSDA資料を読めばすぐにわかるように、一九八六年アイダホ大学が四〇〇人の人間と七六三頭の犬を対象に行った調査では、グレート・ピレニーズが護畜犬の五七パーセントを占めているが、その事実にもふれられていない。この数字に、おなじようにハンプシャー・プロジェクトには提供されなかったコモドール種をあわせると、調査で判明した現役護畜犬の七五パーセントにもなるのに、である。この種の調査からは、ピレがこの仕事の適性試験においてどの犬種よりも高い得点をとることもわかる。五九頭のピレと二六頭のアナトリアン・シェパードを対象にした一歳犬の調査で、八三パーセントのピレが「良」という成績をとっている。これに対して〔コピンジャーらが採用した〕アナトリアンで「良」をとったのは二六パーセントにすぎない。ピレニアン・マウンテン・ドッグがバスク地方の荒廃した小作農‐羊飼いの経済から連れださされ、純血種犬愛好のなかではぐくまれ、さらに米国西部の大牧場に持ち込まれたということ。それも、(その土地固有の草はほとんど生き残っていない)大草原という生息環境で、アングロ系牧場経営者たちが所有する、生物学的にその土地のものではないウシやヒツジたちを守って暮らしていること。その場所は、かつてスペイン産の馬に乗ったプレーンズ・インディアンによって狩られた、バッファローたちの土地だったということ。こうした事実にくわえて、スペインによる新大陸征服とキリスト教伝道に由来する、現代居留地におけるナヴァホ族牧羊文化の研究を紹介すれば、どんな伴侶種宣言にも十分な歴史的皮肉になるだろう。だが、それだけではない。この網目をさらに分け入らせてくれる二つの話を紹介したい。それは、ピレネー山脈とアメリカ西部の国立公園でそれぞれつづけられている、いったん絶滅した捕食動物の種を、害獣という立場から野生動物や観光名物という地位へと回復させ、取り戻そうという試みである。

米国の「絶滅の危機に瀕する種の保存に関する法律」は、ハイイロオオカミをイエローストーン国立公園など従来の生息地域にふたたび連れ戻す管轄権を、内務省に与えている。同国立公園では、一九九五年、一四頭のカナダ生まれのオオカミが米国では最大のエルクやバッファロー生息個体数を誇る地域のただなかに放たれた。モンタナ州では、カナダのオオカミが移動してきて自然と姿を現し始めた。一九九五年から九六年にかけて、さらに五二頭のオオカミがアイダホ州とワイオミング州に放たれた。二〇〇二年時点で、北ロッキー山脈には七百頭ほどのオオカミが住んでいる。家畜が殺された場合には金銭的に完全補償されるし、家畜を殺すようなオオカミは内務省の魚類野生生物局が除去・殺処分する。だが、牧場経営者はたいてい承服していない。二〇〇二年十二月十七日付「ニューヨーク・タイムズ」紙（D３面）のジム・ロビンズによる記事[*4]によれば、しっかり管理されたオオカミのうち二〇パーセントが電子管理用首輪をつけているという。たしかにコヨーテの数は減った。オオカミが殺すからである。エルクの数も減った。猟師たちには面白くないが、捕食者を失った草食動物がもたらす被害を心配していた生態学者たちはこれを歓迎している。観光客たち、そしてその世話をする産業の満足度は高い。ワイオミング州のラマー・ヴァリーでは、自動車サファリでまわるオオカミ観察ツアーが十万件以上催行された。いまのところ殺された観光客はいない。だが、二〇〇二年の統計によるとウシ二〇〇頭、ヒツジ五〇〇頭、ラマ七頭、ウマ一頭、四三頭の犬が殺されたという。その四三頭の犬は、どこの犬だろう。

殺された犬のなかには、準備不足だったグレート・ピレニーズが含まれている。内務省は、牧場経営者たちの要望に反してイエローストーン国立公園にオオカミを戻した。アイダホの農務省護畜犬関係者との連携もなかった。それに、見識あるピレのブリーダーたちに相談することは、想像すらしなかったのではないか。なにしろ、ブリーダーたちは、コンフォメーション・ショーに立派な犬たちを出場させている中高年の白人女性だったりもするのだから。内務と農務は、テクノサイエンス文化においてまったくの別世界である。だが、オオカミたちは公園の境界を越えて出て行く。そして、オオカミも、家畜も、犬たちもみな、さして必要もないのに殺されている。野生生物保護局の職員たちは一二五頭のはぐれオオカミをこれまでに殺処分しているし、牧場経営者たちは不法に少なくとも数十頭を銃殺している。野生生物保護活動家たちも、観光客も、牧場主、役人も、コミュニティもが、まっぷたつに割れている。そんな必要はきっとないというのに、だ。はじめから、人間と人間ならざるもののあいだで、あらゆる点においてもっと良い伴侶種関係が築かれるべきだったのだ。

犬は社会的で縄張りをもつ生物である。オオカミも社会的で縄張りをもつ。経験豊富な護畜犬たちが、十分な大きさの、しっかりした集団で行動すれば、北方のハイイロオオカミが家畜に牙

＊4　Jim Robbins, "More Wolves, and New Questions, in Rockies," *New York Times* 17 Dec. 2002: D3.

をむかないように追い払うことができるかもしれない。しかし、オオカミたちがすでにお祭り騒ぎを始めてしまったあとで現場にピレを連れていったり、犬たちの数が少なすぎたり、経験の浅い犬を使ったりすれば、両方のイヌ科の種たちにとって、あるいは野生生物と牧場経営の倫理学をより合わせようという努力にとっても、大惨劇が待ち構えていることになる。ディフェンダーズ・オブ・ワイルドライフという名のグループがオオカミのために家畜を失った牧場経営者たちにピレを配っているが、オオカミたちはさかんに犬に引きつけられ、犬をオオカミの領地へ闖入したライバルとみなして殺しているようだ。オオカミが組織化された犬たちに敬意をもって接することができるような実践がおこなわれなかったのである。オオカミの繁栄と牧場主・保護活動家の連携にとって、護畜犬たちが効果的なアクターとなるにはもう遅すぎるのかもしれない。もしかしたら、夜ピレたちが屋内で守られているあいだ、オオカミがコヨーテを管理することになるのかもしれない。

一方、生態系復元運動はヨーロッパにも存在する。ピレネー山脈ではフランス政府がスロヴァキアからヒグマを迎え入れた。スロヴァキアでは共産主義崩壊後、観光業界がクマ・ウォッチングでかなりの儲けを出し、かつてクマたちが殺されたあとに空白になっていた生態学的地位(ニッチ)を埋めているのである。そこで、フランスのピレ愛好者たち、たとえばデュ・ピック・ドゥ・ヴィスコス・ケネルのブノワ・クコンポのような人は、スロヴァキアのクマたちにしかるべきポストモダン的「ものごとの道理」[*5]を知らせるべく、犬たちを山へ戻そうとしている。フランスのピレ愛好家は米国の仲間から護畜犬飼育について学んでいる。フランス政府は農夫たちに無償で護衛犬を提供しているが、捕食動物の犠牲になった動物が保険によって補償されるため、そちらのほうが日々犬の世話をすることよりも魅力的になってしまっている現状がある。護衛犬にしてみれば、クマを追い払うよりも保険装置と戦わなければならない、より難しい時代を経験しているわけだ。

これまで論じたような、多くの種をまきこんだ保護活動や農業政治は別にしても、ピレはショー犬としてペットとして絶えず優秀さを示している。しかしながら、この犬種がこれだけ使役犬およびペットとして数的拡大を示したということは、かなりの部分が存続可能な牧羊農業経済はもとよりブリードクラブのコントロールからも逃れて、商業的な子犬生産や裏庭繁殖という地獄や辺獄へ流れたということでもある。健康への無関心、習性や社会化や訓練にかんする無知、そして劣悪な住環境といった事態があまりにも頻発している。ブリードクラブ内部でも、何が責

＊5　原文“order of things”はミシェル・フーコー『言葉と物――人文科学の考古学』〔渡辺一民・佐々木明訳、新潮社、一九七四年。原著 *Les mots et les choses: Une archéologie des sciences humaines* (Gallimard, 1966)〕の英訳タイトル（*Order of Things: Archaeology of the Human Sciences*）への引喩。

任あるブリーディングを構成する要素といえるかについて——とりわけ純血種犬における遺伝子学的多様性や集団遺伝学といったむずかしい話題がもちあがったときには——議論が止むことがない。種犬を酷使するとか、犬のもっている問題を秘匿するとか、ほかの価値を犠牲にしてもショーのチャンピオンを求めるといったことは、犬を危険にさらす行為としてよく知られている。そういう人たちが多すぎる。犬を愛することはそれを禁じているというのに。わたし自身、このリサーチを通じてたくさんの犬愛好者たちに出会ってきたが、こうした人たちこそ、犬たちが生きるさまざまな世界——農場、実験室、ショー、自宅その他——で、泥まみれになり知識を身につけてきた人たちであった。わたしはこうした愛が広まってほしい。それこそ、わたしが書く理由のひとつなのだ。

オーストラリアン・シェパード
Australian Shepherds

米国でオーストラリアン・シェパード、あるいはオゥシーと呼ばれる牧羊犬種もまた、グレート・ピレニーズに負けず劣らずさまざまな複雑性を引き起こす。ここではその一部だけを素描してみたい。わたしが言いたいことはシンプルである。こうした犬たちと知りあい、ともに暮らすということは、犬たちの可能性の条件のすべて、これらの存在との係わりあいを現実的（actual）なものにするあらゆるもの、すなわち、伴侶種を構成するすべての抱握を継承することを意味する。愛するとは現実世界的になるということ——つまり、さまざまな尺度（スケール）において、ローカルとグローバルの諸層において、そして、分岐複雑化する網目において、〈重要な他者性（significant otherness）〉や〈記号行為をおこなう他者たち（signifying others）〉と関係を切り結ぶということである。わたしは知りたいのだ。自分がこれから理解しようとしている歴史とともに、どう生きていけばいいのかを。

オーストラリアン・シェパードについてわずかなりともたしかなことがあるとすれば、それは誰もこの呼び名の由来を知らないということ、それから、誰もこの才能あふれる牧羊犬の血統にまつわる犬種のすべてを把握していないということである。いちばんたしかなのは、この犬は米国西岸牧場犬（United States Western Ranch Dog）という呼び名の方がふさわしいということだ。それも、「アメリカン」ではなくて「米国」でなければならない。どうしてそれが問題（マター）なのかご説明しよう。とりわけ、（決してすべてではないが）この犬種の祖先の多くが、おそらく初期植民地期以来、ブリテン諸島から人間とともに北米の東海岸に移住してきた多種多様なコリー・タイプである以上、なぜ「米国」と呼ばれるべきなのか、説明する必要があるだろう。カリフォルニアのゴールド・ラッシュと南北戦争の余波とが、わたしが語る地域的・国家的物語の鍵だ。これらの歴史的事件によってアメリカの西部が米国の一部になったのだ。わたしはカイエンヌやローランドとアジリティーのコースを走り、オーラルな情事にふけるとき、こうした暴力的な歴史を継承したくはないとおもう。でも、だからこそ、わたしは語らなければならないのだ。伴侶種は、進化においても、私的にも、あるいは歴史においても、記憶喪失をゆるさない。記憶喪失は、記号と肉体を破損腐敗（コラプト）させ、愛をしみったれたものにしてしまう。わたしが、ゴールド・ラッシュと南北戦争の話をすれば、おそらく、犬とその人間たちにかんする、残りの物語も忘れないでい

図7
カリフォルニア州ベーカーズフィールドで開催された
アメリカ・オーストラリアン・シェパード・クラブの
全国牧畜犬競技決勝戦の羊部門で高得点賞を獲得した
ベレットの犬ドゴン・グリット。
(Courtesy of Glo Photo and Gayle Oxford)

られるだろう。移住や、土着の世界や、仕事や、希望、愛、あそびの物語を、そして主権や生態学的に発展性のある自然‐文化について考えながら、共棲の可能性をさぐる物語を。

オゥシーのロマンティックな起源物語によれば、十九世紀末から二十世紀初頭に、〔スペイン〕バスク地方の羊飼いたちがブルーマール〔青灰まだら〕の毛色をした小さな犬を三等船室に乗せて旅立ち、途中、スペイン産のメリノ種ヒツジを育てながらオーストラリアに短期逗留したのちに、永遠に牧歌的なるアメリカ西部でヒツジを育てるため、カリフォルニアやネヴァダの大牧場に渡ってきたのだという。だが、この物語の嘘は「三等船室」という要素によってばれてしまっている。そもそも三等船室に乗るような労働階級の人間が、オーストラリアやカリフォルニアまで犬を同乗させてこられるわけがないのだから。それに、オーストラリアに移住したバスク人は牧羊業者ではなく、サトウキビ農園の労働者になった。しかも、バスク人が南半球へ渡ったのは二十世紀になってからの話である。実は、十九世紀、何百万人ものバスク人たちが、金鉱目当てに南アフリカやメキシコ経由でカリフォルニアへ渡ってきていた。かれらはそれ以前から羊飼いだったとは限らないが、一攫千金を逃した他の鉱夫たちを食わせるために、結果的に牧羊業に落ち着いたのである。バスク人はまた、第二次世界大戦後には州間ハイウェイ・システムとなる道路沿いに、どっしりしたラム肉を出す素晴らしいレストランの数々を建てた。そして、そのかれらが牧羊犬を入手したのは、ひかえめにいってもかなり雑多な、地元の現役牧羊犬のなかからだったのである。

スペイン人キリスト教伝道団はインディアンたちの文明化のために牧羊業を好んで用いていたのだが、リンダ・ローレムのオンライン版オゥシー史[*1]によれば、極西部地方ではすでに一八四〇年代までに（先住民たちの数はもちろん）ヒツジの頭数もかなり落ち込んでいたのだという。だが、金鉱の発見がこの地方の食糧経済を、政治や生態系もろとも、徹底的かつ永久に変貌させてしまった。大きなヒツジの群れが、東海岸からホーン岬を通って船で輸送されたり、あるいは中西部やニューメキシコ州経由の陸路を追われて運ばれたり、あるいは牧畜経済をもっている「近くの」白人入植地オーストラリアから送られてきたりしたのである。これらのヒツジの多くがスペイン原産のメリノ種だったが、この種はそもそもスペイン国王からザクセン王国へ贈られたものがもとになっていて、オーストラリアへはヒツジの植民地輸出貿易を発達させたドイツを経由してやってきたのだった。

＊1　Linda Rorem "A View of Australian Shepherd History," 1987 (Rev. 2012). 二〇一三年現在、以下のＵＲＬで閲覧可能。http://www.herdingontheweb.com/shepherd.htm

ゴールド・ラッシュによって始まった流れは、南北戦争の余波によって完結した。西部へ大量のアングロ系移民（とアフリカン・アメリカンの移民）が流入し、ネイティヴ・アメリカンのくらしは軍事的に破壊されたうえ居留地に囲い込まれた。そして、メキシコ人、スペイン系移民（カリフォルニオ）、インディアンたちから強制収用した土地が統合されていったのである。

こうしてヒツジが移動すれば、牧羊犬もまた移動することになる。ただし、ここで登場する犬たちはあのユーラシアの牧畜経済の犬ではなかった。確立された販売ルートをもち、季節によって牧草地を移動し、地元（ローカル）のクマやオオカミに囲まれていたはずのユーラシア牧畜経済は、当時すでにひどく荒廃してしまっていたのである。いっぽう、オーストラリアや米国では、自然捕食動物に対してより攻撃的な態度が採用されていた。オーストラリア英国植民地（クイーンズランド）のまわりにはたいていディンゴを遠ざけるためのフェンスが立てられたし、米国西部では地上を動く、するどい犬歯をもった生き物がことごとく罠にかけられ、毒殺され、射殺された。護衛犬が米国西部の牧羊経済に登場するには、環境保護運動が実効性をもつクィアな時代に、こうした戦術が非合法化されるのを待たなければならない。

東海岸およびオーストラリアからヒツジとともに移住してきた牧羊犬は、おもに旧型のコリー／シェパード系使役犬だった。この犬たちは体の強い多目的犬であり、家畜と目をそれほど合わせない「ルース・アイ」で、働くときの姿勢も高い。シープドッグ・トライアルで選ばれるような、身をかがめて家畜をするどく見張るボーダーコリー系ではないのだ。だが、この犬たちからいくつかのケネルクラブのブリードが派生している。また、オーストラリアから米国西部にやってきた犬のなかには、毛色がマール〔まだら〕であることも多く、現在のオーストラリアン・シェパードに似た「ジャーマン・クーリー」がいた。この犬は英国からやってきた万能の牧羊「コリー」種で、「ジャーマン」という名はオーストラリアのなかでもこの犬がよくいる地域のドイツ系移民にちなんで付けられたものだった。現代のオゥシーに似た犬たちは、おそらく南半球からボートに乗ってやってきたヒツジの群れとの連想から——実際にその船に乗ってきたかどうかは別として——早ければその時代に名付けられたのかもしれないし、あるいは、もう少し遅い時期に移住してきた犬との連想から、第一次世界大戦ごろになってやっと「オーストラリアン・シェパード」と名付けられた可能性もある。いずれにせよ、文書記録はほとんど残っていない。しかも、長い間にわたって「純血種」はいなかったのである。

しかし、同一とみなすことができる血筋が、一九四〇年代までにはカリフォルニア、ワシントン、オレゴン、コロラド、アリゾナで形成され、一九五六年以降にはオーストラリアン・シェパードとして登録されることになった。もっとも、登録は一九七〇年代半ばから終わり以降になるまで一般的ではなかった。まだタイプのばらつきが大きく、犬のスタイルは特定の家族や牧場ごとに違っていたのである。不思議なことに、「ある種類」の犬が自前のクラブや政治学を備えたひとつの現代犬種へと整えられる物語に、ジェイ・シスラーというアイダホ出身のロデオ芸人が一枚噛んでいる。シスラーの「ブルードッグズ」は二十年以上つづいた人気のロデオ・ショーだった。彼はほとんどの犬の親犬を知っていたが、最初のころは、系図を遡るにしてもせいぜいそのくらいが限度だった。シスラーが犬を手に入れたのは牧場主たちからであり、その数人が所有していたオゥシーたちがのちにこの犬種の基盤となったのである。わたしの犬カイエンヌの家系の場合、十世代にわたる血統書で二〇四六頭の祖先のうち一三七一頭が特定されているが、そのうち七頭がシスラーの犬だ（カイエンヌの二十世代分の家系図となると、百万頭以上の祖先のうち、「赤みがかった牧場犬」「ブルードッグ」という名前の犬が多いとはいえ、実に六一七〇頭が判明している。抜け落ちているものは少ないといえるだろう）。

このタイプの犬の素晴らしいトレーナーであるヴィッキー・ハーンが聞いたらさぞかし喜んでくれたと思うが、シスラーは一九四五年ごろ入手したキーノという犬を、自分の犬ではじめて本当に有能な犬だと考えた。そのキーノは子孫を残し、現在の犬種が形づくられるのに貢献している。だが、シスラーの犬のうち、（割合という意味で）現在のオゥシーの個体群にもっとも大きな影響を与えたのはジョンである。先祖不明のこの犬は、ある日シスラーの農場に紛れ込み、血統書の上にひょっこり姿をあらわしたのだった。犬種の祖となった犬たちにも、おなじような話が数多くある。そうした物語はすべて、伴侶種について考えるための小宇宙であり、そして、伝統がテクストのなかだけでなく肉体のなかにいかに発明されるか考えるための小宇宙にほかならない。

オッシーのペアレント・クラブ〔犬種ごとのブリーダーのクラブ〕であるオーストラリアン・シェパード・クラブ・オブ・アメリカ（ASCA）は一九五七年、アリゾナ州トゥーソンで少数のファンたちによって設立された。ASCAは一九六一年に準備的な犬種標準を、一九七七年には正式な標準を規定し、それと前後して一九七一年には独自のブリードクラブ登録を開始させた。一九六九年に組織されたASCAの牧畜犬委員会では、牧羊技術（ハーディング）のトライアル大会やタイトルを設け、牧場で働いていた犬たちはトライアルに向けて、かなりの再教育を受けるようになった。コンフォメーション競技などのイベントが人気になると、多くのオッシー関係者がアメリカ・ケネルクラブ（AKC）加入を次のステップとして考え始めた。オッシー関係者のなかにはAKC公認は使役種にとって破滅の道だと考える者もいた。このため、AKC加入賛成派は分離して、独自に米国オーストラリアン・シェパード協会（USASA）を設立し、一九九三年にAKCの公認を得た。

　それから、現代犬種にまつわるあらゆる生社会的装置が出現した。専門家ではないが経験豊富な保健・遺伝学運動家たち、この犬種でよくみられる病気を研究する科学者たち、その結果として得られた獣医用生物医学製品を売り込むために会社を設立した科学者たち、オッシーをおもに扱うスモール・ビジネス、アジリティーやオビディエンス競技犬に夢中な競技者たち、週末だけトライアルに通う郊外生活者や地方で牧羊犬トライアルに参加する人たち、捜査救助に従事する人びと、セラピー・ドッグとその関係者、自分たちが継承した多才な犬を維持することに身を捧げたブリーダーたち、牧羊の才能はわからないが被毛豊かなショードッグに心奪われたブリーダーたち、などなどである。たとえば、C・A・シャープはキッチンテーブルで『二重らせんネットワークニュース』紙を編集し、オーストラリアン・シェパード保健遺伝学研究所の設立に尽力している。シャープはわたしに、ブリーダーとしての諸実践はもちろん、自分が繁殖していた犬の最後の一頭が亡くなったあと、急遽、小さすぎるオッシーの救助犬を里親として迎え入れたことを語ってくれた。わたしにとって彼女は、歴史的複雑性のなかで、ある犬種への愛を体現する人物にほかならない。

　カイエンヌのブリーダーたち、カリフォルニア州セントラル・ヴァレーのゲイル＆シャノン・

オックスフォードは、USASAとASCAの両方で活動している。牧羊犬のブリーディングと訓練に身を捧げ、コンフォメーションとアジリティーにも熱心に参加しているオックスフォード夫妻は、わたしに「多才なオゥシー」について教えてくれた。「多才なオゥシー」は「二重目的犬」や「全体的な犬」といったピレ関係者の言説に相当するとおもう。こうしたイディオムは、犬種がより孤立した遺伝子プールへと分裂していくことを防いでおり、それぞれ、アジリティー競技や美しさなどなど、専門家の限られた目的に捧げられているものだ。しかし、オーストラリアン・シェパードが完璧な技術をもって群れをまとめあげることのできる能力において根本的に試されていることに変わりはない。「多才さ」もそこから始まるのでなければ、この使役種が生き残ることはないだろう。

自分だけのカテゴリー A Category of One's Own

歴史調査をしたことがある人なら誰でも知っていることだが、往々にして整理された系譜をもつ者よりも、資料的裏付けをもたない者の方が、世界のなりたちを雄弁に物語るものである。人間と「登録されていない」犬の、テクノカルチャーにおける伴侶種関係は、さまざまな歴史を継承し――あるいはそこに棲まい、といったほうがいいだろうか――そして新たな可能性を創出できるのだろうか。こうした犬は、ヴァージニア・ウルフに敬意を表していうなら、「自分だけのカテゴリー」を必要とする犬たちである。有名なフェミニスト・パンフレット『自分だけの部屋』を書いたとき、ウルフはしっかり登記された芝生のうえを不純なものたちが歩きまわれば何が起こるのかを理解していた。おなじく彼女にわかっていたのは、こうした烙印を押された(マークト)（そして汚点を残す(マーキング)）存在が、信用証明と収入を得たときにどうなるか、ということである。

わたしが注意を引かれるのは包括的なスキャンダルである。関連するすべての種に対して、人種化された性(セックス)や、性化された人種の問題をにじませてくるものたちにとりわけ関心があるのだ。アメリカのみに限った場合、カテゴリー上、固定されていない犬たちはどう呼べるだろうか。駄犬、雑駁種(モングレル)、オール・アメリカン、任意交配犬、〝ハインツ57〟〔雑種犬〕、混血種、あるいはただの犬? それにしてもアメリカの犬のカテゴリーが全部英語なのはなぜだろう。「南北アメリカ大陸」だけでなく、米国だって、高度に多言語的な世界ではなかったか。先の節では、グレート・ピレニーズやオーストラリアン・シェパードを取り上げて犬が主役の長話(シャギー・ドッグ・ストーリー)をしたあげく、現代犬種においてローカルとグローバルの諸史を継承することの難しさを示唆するほかなかった。おなじように、わたしは、機能的な種類にも制度化された犬種にも当てはまらない、ありとあらゆる犬たちの諸史をここで測量しはじめるわけにはいかない。したがって、わたしは話すごとに現実世界的な複雑性の網目がさらに細分化されていくような話をここでひとつだけしようとおもう。

「サトウ」はプエルトリコの野良犬を指すスラングである。わたしがこの事実を知ったのはふたつの場所、すなわち、インターネット・サイト www.saveasato.org と、ドッグカルチャーの大衆雑誌『バーク』二〇〇二年冬号掲載のツィッグ・モーワットの感動的なエッセイ[*1]のなかであった。このふたつの場所（サイト）はわたしをお上品な言葉では「近代化」と呼べそうな自然‐文化のただなかへ連れていった。わたしはそこで「サトウ」以外のスペイン語の言葉も学んだ。それから、わたしは犬界のこのゾーンにおける記号的かつ物質的な取引のなかへ進むことになった。そして、サトウが南の「発展途上世界」の厳しい路上生活をあとにして、文明化された北の「終の棲家（ホーム）」へ連れて来られる過程で、キャピタライズされるということ、すなわち語彙的慣習においては「大文字化（キャピタライズ）」が起こり、金の投資という意味合いでは「資本化（キャピタライズ）」されるらしいことがわかったのだ。

少なくともおなじくらい重要なのは、わたしがこの物語のなかへ思考も感情も〈呼びかけられた（interpellated）〉ということである。だから、わたしにはこの物語の、人種的色あいが濃く、性的な要素が充溢し、階級的にも多様で、植民地主義的でもあるトーンや構造に注意しましょうと指摘してこの物語との縁を切ってしまうことなど、できないのである。この宣言書で何度も経験してきたように、わたしやわたしの仲間たちはさまざまな歴史と縁を切るのではなく、そこに棲まうことができるようになる必要があるのだ。それもピューリタン的批判という小細工は決して使わずに、そうしなければならない。サトウの物語には、表面的には対立するようにみえる二種類のピューリタン的批判の誘惑がある。ひとつは、植民地主義的な感傷にふけること。つまり、プエルトリコの路地から米国の保護動物を殺さないシェルターへ、さらに適切な各家庭へと犬たちを輸送する行為のなかに、人類博愛（犬博愛？）的な被虐者救助しか見い出そうとしない感傷主義への誘惑である。ふたつめの誘惑は、歴史構造分析に耽溺してしまうこと。それも、感情的な絆と物質的複雑性をともに否定し、多種類の差異を越えて暮らしを改善するための行動（アクション）に参加すること——そのことが必然的に伴う厄介さ——を避けるようなかたちで、歴史構造分析にふけってしまう誘惑である。

一九九六年からこれまでに約一万頭のプエルトリコの犬たちが路上生活から郊外の家庭へと移動した。一九九六年は、サンファンの航空会社職員シャンタル・ロブレスが、アーカンソー州から島を訪れていたカレン・フェレンバックと協力して、セイヴ・ア・サトウ基金を設立した年である。彼女たちを行動に駆り立てた事実は苛烈そのものだ。繁殖力のある、たいていは飢えた病気もちの何百万もの犬たちが、プエルトリコの貧しい地域や工事現場、ゴミ捨て場、ガソリンスタンド、ファーストフード店の駐車場、ドラッグ取引が行われているゾーンなどで残飯漁りをし、

＊1　Twig Mowatt, “Second Chance Satos,” *The Bark* (2002): n.p.

寝床を探している。田舎の犬も都会の犬もいる。大型犬も小型犬も、制度化された犬種だとはっきりわかるものも、何の犬種でもないものもいる。その大半は若い犬たちだ——野良の犬は年寄りになるまで生きられないものだし、なにしろ子犬が多いのである。人間に捨てられたのも野良のメス犬から生まれた子犬もいる。プエルトリコ当局の動物シェルターに委ねられた犬猫や、一斉捕獲にかかった犬猫は、殺処分されてしまう。捕獲された動物に飼い主がいて、世話されていることもないわけではない。だが、動物たちはたいてい苦しい生活を送っており、住民が苦情を寄せたり役所が行動を起こしたりすればひとたまりもない。しかも、行政シェルターの生活環境は、動物の権利という意味ではホラー・ショーの素材そのものなのだ。

　もちろん、プエルトリコにもよく世話されている犬が多種多数存在する。裕福な人びとだけでなく、貧しい人も動物を可愛がる。だが、いざ犬を飼えなくなったら、資金もスタッフも足りないうえに預かった動物を殺処分してしまう「保護施設（シェルター）」に連れて行くより、犬をそのあたりに放してしまうのが人情というものだろう。それ以上に、犬猫に不妊去勢手術を施すべしという、階級・国家・文化に基づいた動物の福祉のための倫理は、プエルトリコでは（あるいはヨーロッパや米国の多くの地域でも）それほど広まっているわけではないのだ。プエルトリコにおいて、不妊去勢の義務と再生産管理は、歴史的記憶を人間ならざる種にかんする政策に絞ってみた場合でも、かなり波瀾万丈の歴史を有している。そもそも「責任ある（というのは誰から見てだろう？）ブリーダーが世話しているのでない限り、正しい犬とは子を生まない犬のことである」という概念は、わたしたちを生権力の世界や、本国や諸植民地における生権力のテクノカルチャー的装置のただなかへ激しく叩きつけるものだ。そのうえ、プエルトリコは本国であり、植民地でもあるのだ。

こんな分析をしたところで、不妊去勢手術を受けていない野犬が性交して、食わせていけないほどたくさんの子犬を産み、おびただしい犬たちが恐ろしい病によって痛みにあえぎながら死んでいくという事実を消すことはできない。その事実は、単なるお話（ナラティヴ）ではないのだから。さらに悪いことに、不自由ということでいえば、プエルトリコは、あらゆる社会階級にすさんだ虐待者がいて、故意過失にかかわらず動物にひどい精神的・身体的傷害を与えている米国に、決して引けを取らないのである。ホームレスの動物は、ホームレスの人間と同じように、自由貿易地帯で――あるいは、自由発砲地帯で、というべきか――かっこうの標的になってしまう。

ロブレスやフェレンバックや支援者たちがとった行動は、わたしを勇気づけてくれる一方で、気がかりなところもある。彼女たちは国際養子縁組へ向かう犬たちの中間施設として、サンファンに私設シェルターを設立し、運営している（だが、プエルトリコは米国の一部ではなかったか）。いずれにしてもプエルトリコ内にこれらの犬に対する需要はほとんどない。それが自然の事実ではなく、生政治における事実だということは、人間の国際養子縁組について考えたことがあればすぐにわかるだろう。セイヴ・ア・サトウ基金は資金を調達し、犬（と猫）にこれ以上トラウマを植え付けることなく保護施設まで連れて来られるようボランティアを訓練し、保護動物を無料で治療し不妊去勢してくれる現地の獣医を組織し、里子になる犬たちを北にふさわしい流儀に順応させ、書類を整え、そして、毎週三十頭の犬たちを、その大半は北東部州にある殺処分なしシェルターまで商業路線で運ぶ手配をする。9・11以降は、テロ対策措置によって救助パイプラインが遮断されないよう、サンファンから帰りの飛行機に乗る観光客たちから協力者を募って、犬の入ったクレートを個人の荷物として申告してもらうようになっている。

基金は英語ウェブサイトを運営して、潜在的な里親たちに情報を提供し、さらに、このサイトのイディオムによれば「永遠の家族」へ犬たちを迎え入れてくれる人びととそれを支援するグループとを連携させている。ウェブサイトにはうまくいった養子縁組の実例や、里親に引き取られるまでの恐怖物語の数々、ビフォア／アフター写真、行動を起こし寄付しようという呼びかけ、里子のサトウを見つけるための情報、そして犬界サイバーカルチャーの役に立つリンクがあふれている。

プエルトリコ住民は毎月最低五頭の犬を救助することでセイヴ・ア・サトウ基金の会員になれる。コストの大部分はボランティアたちが自分のポケットから支払うことになる。ボランティアは犬を見つけ、エサをやり、落ち着かせてから、クレートに入らせ、中間施設まで連れて行く。最優先されるのは子犬や若犬だが、拾われるのはそれだけにとどまらない。病気が進行して回復の見込みがない犬は安楽死させられるものの、重傷重病の犬であっても、多くは治療されて斡旋されてゆくのである。こうしたボランティアにはあらゆる種の人びとがかかわっている。ウェブサイトによれば、ある老婦人は社会保障手当をもらい、自分自身ホームレス状態に近い暮らしをしているにもかかわらず、ホームレスの人びとに声をかけて犬をなだめて集めてこさせ、わずかな蓄えから一頭あたり五ドルずつ払っている。この物語がお涙頂戴話に見えるからといって、その力——あるいは真実——を消し去ることはできない。サイトに掲載された写真にはプエルトリコの中流階級の女性たちが写っているようにみえるが、セイヴ・ア・サトウ基金の多種多様性は、なにも犬に限ったものではない。

飛行機は主体(サブジェクト)を変容させる一連の技術のうちの、ひとつの道具である。飛行機の胎内から出てきた犬たちは、かれらが生まれ落とされたのとは異なる社会契約に服従(サブジェクト)するのである。だが、プエルトリコの野良犬であれば、かならず、このアルミニウム製子宮から第二の誕生を得られるというわけではない。人間の場合に少女がそうであるように、小さめの犬は、犬の養子縁組マーケットにおける金本位(ゴールド・スタンダード)なのである。大文字の他者(the Other)からの攻撃に対する米国のおびえはほとんどとどまることを知らないが、種や性の境界にかんしては当然ながらとりわけ敏感なのだから。この点をもう少し考えるために、わたしたちは空港を出てマサチューセッツ州スターリングの素晴らしいシェルターへ行ってみる必要がある。この施設は一九九九年にプログラムに参加してから二千頭のサトウ(と猫百頭)を養子縁組させてきた。この調査において、またしても、わたしは犬界の豊かなサイバーカルチャーに助けられている(www.sterlingshelter.com)。

一般的に米国北東部の動物シェルターでは体重一〇~三五ポンド〔四・五~一五・八キロ〕程度の犬が少なすぎて、引き取り手の需要に応えることができていない。不妊手術済みの、レスキューされた行儀の良い中型犬をオーナー(または保護者)として迎え入れることは、米国の犬界で高い地位を意味している。この地位の高さは、純血種犬の世界にはびこりつづけている優生学的な言説には屈しないというプライドに由来するところもある。だが、雑種だろうとそうでなかろうと、野良犬や捨て犬を里親として迎え入れたからといって、階級や文化に根ざした「改良」イデオロギーや、家族関係の生政治や、教育的そぶりの泥沼から逃れることはできない。なんといっても、優生学をはじめ、「現代」の生を改良しようという諸言説にはあまりに多くの共通祖先（と、存命中のきょうだい）がいるために、その近親交配の係数は父娘相姦の場合を上回るほどなのである。

保護施設の犬を里子にするには、多くの労力と、かなりのお金（といっても犬たちの支度にかかるほどではないが）を要するし、フーコー主義者はもとより普通の自由主義者なら誰でもアレルギーを起こすほどの統治装置に唯々諾々と従う必要もある。わたしは、犬をふくめた諸階級の主体を守るために、そうした装置——と、その他の制度化された権力——を支持する。それに、わたしは里親による救護やシェルターの動物を熱心に支援している。だから、こういったものがいったいどこから来たのか腑に落ちないでいる、このわたしの消化不良な感じは、きっとこれからも解消しないまま、ずっと堪えていくべきものなのだろう。

良い保護施設にはサトウを求めるリクエストがたくさん舞い込んでくる。そうした犬を手に入れれば、ペットショップで犬を購入することも、犬繁殖工場（パピーミル）産業を支援してしまうこともない。スターリング・シェルターによれば米国内から連れて来られる子犬の九九パーセントが中型から大型であり、そのすべてが里親を見つけるのだという。スターリングへたくさんの大型犬や若い犬を届けているのは、米国南部から北東部へと捨てられた犬を運ぶ、ホームバウンド・ハウンズ・プログラムである。米国南部は犬猫の不妊去勢手術という倫理がまったく定着していない、世界有数の地域なのだ。ところが、小さめのシェルター犬を求める人びとは国内市場ではほぼ運に見放されている。こういった人たちの家族拡大戦略には、異なったローカルとグローバルの諸層が要求されるが、輸入犬を手に入れることは、人間の子どもの国際養子縁組とおなじように、容易ではない。細々した面接や書類、自宅訪問に、友人や獣医からの推薦状、それから犬をきちんと教育するという誓約書や、施設内トレーナーとのカウンセリング、自宅所有権の証明ないしペットを許可するという家主の同意書面ができて、そこからようやく長い順番待ちが始まる。そのすべてをクリアするか、それ以上要求されるのが、ふつうなのである。なにしろ最終目標は犬たちにとっての終(つい)の棲家なのだから。

上述した段取りは、文字通り、想像しうるありとあらゆる方法で「家族なるもの」の歴史に手を伸ばしてそれを利用する、親族形成の装置にほかならない。ちょっとしたナラティヴ分析をしてみれば、伴侶種の家族形成装置がいかに実効的であるかが、すぐ証明できるだろう。養子縁組の成功談には必ずきょうだいや、ママ、パパ、姉妹、兄弟、おば、おじ、いとこ、代父など多生物種にわたる親族が登場する。それは、純血種の養子物語もかわらない。こうした養子縁組／オーナーシップの過程においては、犬を入手する資格を得るまでに、多くのおなじような書類上の段取りや社会的な段取りが必要になるのである。どの生物種の話をしているのか、物語から読み取ることはほとんど不可能だし、そんなことをしてもたいてい意味はない。ペットの鳥が新しい犬のおねえさんになり、人間の赤ん坊と老猫のおばさんがみな、ママやパパといった、その家のヒトの大人と関わりあっているように表象される。異性愛はあまり関係がない。異種具体性(heterospecificity)こそが重要なのである。

わたしが犬の「ママ」と呼ばれるのが耐えられないのは、すでに成長したイヌを幼児化したくないからだし、それにわたしが欲しかったのは赤ん坊ではなくて犬だったという重要な事実を誤認したくないからである。わたしの多種から成る家族は何かの代理や代替ではない。わたしたちは他の文彩(トロープ)を、他のメタプラズムを生きようとしている。わたしたちはジェンダーのスペクトラムについてそうだったように(そしていまもそうであるように)、伴侶種という親族ジャンルのために他の名詞と代名詞を必要としているのだ。パーティの招待状や哲学的議論をのぞいて、「重要な他者」という語はヒトの性的パートナーの役に立たなくなるだろう。この用語は犬界の、寄せ集めの親族関係の日常的な意味を、かろうじて宿すことができるにすぎないのだ。

ひょっとしたら、わたしは言葉のことを気にしすぎるのかもしれない。たしかに米国の犬界で使われているお約束の親族イディオムが、年齢や、種や、生物学的な生殖状態に言及するものなのかどうかは、はっきりしていない(人間ならざるものについては、ほぼ子をなさないことを要求する、という点をのぞけば)。ありがたいことに遺伝子は要点ではない。大切なのは伴侶種形成である。それは死がわたしたちを分かつまで、良いときも悪いときも、家族とともにある。そして、この家族は怪物の胎内でつくりあげられる家族、すなわち、変容させるためにはまずその内部に棲まわなければならない、継承された数々の歴史という、あの怪物の腹のなかから出てきた家族なのである。わたしは昔から、万が一、妊娠するなんてことがあるなら、わたしの子宮内存在はきっと別の生物種のメンバーであってほしいとのぞんでいた。だが、もしかしたら、それこそ一般条件だったのかもしれない。〈重要な他者性〉のなかで自分だけのカテゴリーを模索しているのは、国際養子縁組取引の内外にいる、雑種犬ばかりではない。

伴侶種の進化的な時間、個人的な時間、歴史的な時間という尺度にまたがる遺産、それも多生物種からなる、仮借なく複雑な遺産を継承するとはどういうことなのか。わたしは犬界でもっとたくさん考えてみたいと切望している。登録された犬種のすべて、というよりむしろ、すべての犬が、諸実践と数々の物語に浸かって存在している。そうした実践や物語は、生きた労働や階級形成、ジェンダーやセクシュアリティの精緻化、種族カテゴリー(racial categories)それから、他のローカルとグローバルの諸層からなる、幾重もの諸歴史に、犬関係者をしかるべく結びつけることができる。地球上のほとんどの犬は制度化された犬種に属していない。里犬(ヴィレッジ・ドッグ)たちも、田舎や都会の野犬も、わたしのような人ばかりでなく、自分のまわりで生きる人間たちのために、それぞれの〈意味する他者性（signifying otherness）〉をもっている。「先進世界」にいる雑種犬や、いわゆる「任意交配」犬は、かつて繁栄した経済や生態系のなかに創発＝出現した、機能的な種類の犬たちとは異なっている。「サトウ」という名のプエルトリコの野犬は、驚異的な複雑性と帰結の歴史を抜け出て、マサチューセッツの「永遠の家族」の一員となる。現在の自然‐文化において、犬種は、たとえひどい欠陥をもっているにしても、その由来である実用的な犬たちの種類を存続させるには必要な手段なのかもしれない。現在、米国の牧場経営者たちは、国立公園からどれだけ離れていてもやってくるオオカミたちよりも、法廷でどれだけ雄弁に語るネイティヴ・アメリカンたちよりも、サンフランシスコやデンヴァーから土地を求めてやってくる不動産開発業者を恐れなければならない。

個人‐歴史的な自然‐文化において、わたしがこの身をもって知っていることがある。それは、ピレやオゥシーの土地に住む、大部分は中産階級の白人たちが、こうした犬たちの仕事を必要とする牧場経営そのものによって著しく破壊された、大草原の生態系や生のありかたを再想像することに参加するという、いまだ明言されていない責任を負っているということである。犬たちを通して、わたしのような人間は、土着の主権や、牧場経済や、生態系の生き残り、食肉産業複合体のラディカルな改革、人種的正義、戦争や移住の諸帰結、テクノカルチャーの諸制度へと結ばれている。つまり、ヘレン・ヴェレンの言葉を借りれば「相乗り」しているのだ。わたしが「純血種」のカイエンヌや「雑種」のローランドと触れ合うとき、わたしたちは、肉体のなかに、わたしたちを可能にしてくれた犬たちと人びとの繋がりをすべて体現するのである。土地共同所有者（ランドメイト）のスーザン・カーディルの肉感的なグレート・ピレニーズ犬ウィレムをなでるとき、わたしは、ドッグショーの世界や多国籍的牧羊経済だけではなく、移住させられたカナダのハイイロオオカミや、金持ち相手に商売しているスロヴァキアのクマたちや、国際的な生態復元運動にも触れているのだ。全体的な犬といっしょに、わたしたちにはまるごと全部の遺産が必要だ。結局のところ、それこそが伴侶種全体を可能にするものにほかならないのだから。こうした全体のすべてが非ユークリッド幾何学的な「部分的繋がり」の結び目になっているのも、それほど奇妙なことではない。わたしたちは、無垢なふりをせずにその遺産のなかに棲まうことで、あそびがもつ創造的な優雅さを望むことができるかもしれないのだ。

「スポーツ記者の娘のノート」（二〇〇〇年六月）より

カイエンヌ・ペッパーはついに真の生物種をあらわした。彼女は発情（ヒート）したクリンゴン女性なのだ。テレビをあまり見ない人でも、あるいは、わたしのようにスタートレック宇宙のファンでなくとも、この惑星連邦の者であればクリンゴン女性が恐るべき性的存在であって、残忍な者たちですら好んで相手に選ぶらしいという噂をきっと耳にしたことがあるだろう。わたしたちの土地に住む、まだ去勢手術を受けていない生後二十ヶ月のピレ犬ウィレムは、まだ二頭とも子犬だった生後四ヶ月頃からカイエンヌの遊び友だちだ。カイエンヌは六ヶ月半のころに避妊手術を受けている。彼女はいつもうれしそうに、初めはウィレムの頭のほうへ近寄り、次に鼻をウィレムのしっぽへ向けて、その柔らかくて魅力的な臀部へと駆け寄っていく。ウィレムのほうはたいてい地面に寝そべりながら、すきあらばカイエンヌの脚に咬みつき、目の前をすばやく通りすぎていく生殖器部を舐めようとしている。しかし、わたしたちが戦没将兵追悼記念日の週末、ヒールズバーグの共同所有地に滞在したときには、控えめに言っても、二頭は盛り上がった（ヒートアップ）とおもう。ウィレムは好色で優しくて、完全に経験不足な、思春期の男の子である。一方、カイエンヌの身体には発情ホルモンがない（もちろん、あの存在感ある副腎皮質から、哺乳類のオスやメスの性欲を駆り立ててくれるアンドロゲンが依然湧き出ていることは忘れてはならないけれど）。ところがどうして、カイエンヌはウィレムが相手となると発情したメス犬であり、ウィレムの方も興味があるのだ。「去勢されていない」かどうかにかかわらず、カイエンヌはほかの犬とはこんなことはしない。二頭の性的なあそびは、いささかも機能的な異性愛的配偶行動になってはいない。ウィレムはマウントしようとしないし、カイエンヌが魅力的なメスの臀部を見せつけることもない。生殖器を嗅いだり、クンクン鳴いたり、うろうろ歩いたりもしない。再生産にかかわることは一切ないのである。そうなのだ、一九六〇年代、ノーマン・O・ブラウンを読んで大人になったわたしたちの心に愛おしく刻まれた、純粋な多形倒錯が、ここにあったのだ。

体重一一〇ポンド〔約五〇キロ〕のウィレムは目を輝かせて横たわっている。三五ポンド〔一六キロ弱〕しかないカイエンヌは、ウィレムの頭にまたがり、自分の鼻をウィレムのしっぽの方へ向けて、臀部を元気いっぱい押し付けたりゆすったりして——というのはつまり、激しく速く振るということだけれど——まったく正気を失ってしまったようにみえる。ウィレムはなんとかしてカイエンヌの生殖器に舌を触れさせようとするが、そうすればカイエンヌが否応なく頭の上からずり落ちてしまう。まるでカイエンヌが野生ウマの上にまたがって、できるだけ長く落ちないようにロデオしているみたいだ。二頭がこのゲームで目指しているゴールはそれぞれ違うとはいえ、ともに全身全霊を注いでいることに変わりはない。それは、わたしにはエロスに見える。決して神の愛(アガペー)ではないけれど。カイエンヌとウィレムは他をさしおいてこの活動に三分間も没頭した。そして、それからもう一回やりなおす。それから、もう一回。スーザンとわたしは大笑いしたり、くすくす笑ったりするのだが、二頭は気づかない。カイエンヌときたら、この活動のあいだ、クリンゴン女性のように歯をむいて唸っているのだから。『スタートレック:ヴォイジャー』で、クリンゴンの血を半分引くベレナ・トーレスが、人間の操縦士である恋人トム・パリスを何度病室へ追いやったか、覚えておられるだろうか。カイエンヌのあそびは——あぁ、それにしても、なんというゲームだろうか。ウィレムの方は真面目に熱中している。彼はクリンゴンではない。わたしの世代のフェミニストなら、思いやりのある恋人と呼ぶところだろう。

二頭の若さや活力は、再生産的異性愛へゲモニーを、そして、禁欲をすすめる性腺摘出を模倣しつつ、からかっている。さて、ここで、わたしたち西洋人がいかに自分たちの社会的秩序や欲望を、罪の意識もなく動物へ投影させてきたのかを論じた破廉恥な本の著者のひとりとして、わたしは、避妊手術をされたオゥシーのダイナモと、スーザンの大きくぞんざいなヴェルヴェットの舌をもった才能あふれる景観護衛犬のなかに、ノーマン・O・ブラウンの『ラヴズ・ボディ』が立証されたなどと、考えるべきではないことくらい承知している。だとしても、他の何が起こっているのだろう。ヒント――これは「取ってこい」や、追いかけっこのゲームではありません。

そう、これは存在論的コレオグラフィーである。参加者がみずから継承した身体と思考の歴史をもとに発明し、かれらを自分自身にする生身の動詞へと作り替えた、生き生きしたあそびである。このゲームを発明したのはかれらだ。そして、このゲームはかれらを改変する。メタプラズム、ふたたび。それは重要な言葉の生物学的側面にいつでもあらわれる。言葉は、死すべき運命を背負った自然-文化のなかで肉体（フレッシュ）になるのである。

解説

愛に、かまける

波戸岡景太

1　模倣とからかい

夫婦喧嘩は犬も食わないと言うけれど、喧嘩にもならない犬のじゃれあいから、かくも魅惑的な「愛の物語」を書き上げた著述家が、未だかつて存在しただろうか。

もちろん、すでに「サイボーグ宣言」（一九八五）によって思想界にその名を知らしめ、『霊長類的ヴィジョン』（一九八九）、『猿と女とサイボーグ』（一九九一）、『謙虚な＿証人』（一九九七）といった重厚なテクストを発表しては、そのたびに、果敢な「歴史」の読み直しを行ってきたあのハラウェイのことだから、彼女の紡ぎ出す「愛の物語」が、私たちの考える「愛」の概念を攪乱するものであろうことは、あらかじめ、肝に銘じておかねばならない。

一九四四年、ダナ・ハラウェイは、コロラド州のデンヴァーに生まれた。熱心なカトリック教徒である母と（彼女はハラウェイが十六歳のときに他界している）、地元紙のスポーツ記者である父に育てられたハラウェイは、早くから「科学」に強い関心を抱きながらも、それとは必ずしも折り合いのつかない、「教会」と「新聞界」のなかで幼年期を過ごした。インタヴュー集『サイボーグ・ダイアローグズ』によると、「思春期の激動に入る直前に、聖トマス・アクイナスを読む懐疑的な十三歳のカトリックの女の子」であったハラウェイは、やがて大学で生物学を学び、「左派的教育と左派への参加」を経験しながら、イェール大学大学院にて「科学史と哲学と生物学のハイブリッドである学位論文」を書き上げるに至ったという（高橋透、木村有紀子訳）。

こうした来歴の、そのいずれをも忘れずに生きるため、ハラウェイは、みずからに様々な呼称を与えている。曰く、「スポーツ記者の娘」、「アリストテレス主義者たちに学んだ者」、「マルクスとフロイトに改宗した者」、「魂にカトリック教育の消せない印を刻まれた者」、「ダーウィンの忠実な娘」――。彼女は、これらすべてが自分である、と考える。そして、ここに「犬にかまけた者」というアイデンティティが付け加えられるとき、ハラウェイの前には、「伴侶種」という、新しい思想の場がひらけていった。本書『伴侶種宣言』（二〇〇三）の誕生である。

本書では、さまざまな切り口で、犬と人の関係史が語られていく。愛犬と自分、競技犬と競技者、護畜犬と牧場経営者、「登録されていない」犬とその里親たち……。だが、そうした語りの最後の段になって、ハラウェイは、犬と犬のじゃれあいに目を向ける。グレート・ピレニーズ犬ウィレム・デ・クーニング・カードルと、オーストラリアン・シェパードのカイエンヌ・ペッパー。大型犬のウィレムは、去勢手術を受けていない雄犬で、比較的小柄な雌犬のカイエンヌは、すでに避妊手術を済ませている。そんな二匹の喧嘩にもならないじゃれあいに、ハラウェイは、いったい何を見たのか。

ウィレムはなんとかしてカイエンヌの生殖器に舌を触れさせようとするが、そうすればカイエンヌが否応なく頭の上からずり落ちてしまう。まるでカイエンヌが野生ウマの上にまたがって、できるだけ長く落ちないようにロデオしているみたいだ。二頭がこのゲームで目指しているゴールはそれぞれ違うとはいえ、ともに全身全霊を注いでいることに変わりはない。それは、わたしにはエロスに見える。決して神の愛（アガペー）ではないけれど。

雄が雌に背乗り（マウンティング）するのは、一般に、性的かつ権威的な行為とみなされる。しかしながら、ここでハラウェイが活写しているのは、発情（ヒート）するはずのない雌犬が、思春期の只中にある雄犬の頭にまたがり盛大に腰をふっているという、倒錯的なマウンティングの情景だ。性的で、けれども雌雄の交配行為からは明らかに逸脱している二匹のじゃれあいを指し、ハラウェイは、それが「再生産的異性愛ヘゲモニーを、そして、禁欲をすすめる性腺摘出を模倣しつつ、からかっている」

と考える。

模倣とからかい。新世紀の「愛」の語り手にとって、それは基本的な態度(アティテュード)となるのだろう。夫婦、つがい、オスとメス。そういった、「再生産的異性愛」を基準とする者ばかりが、この世界で「伴侶」となっていくのではない。セクシュアリティの違いをのりこえ、種の違いをのりこえ、それればかりか、あのサイボーグたちがそうであったように、生命と非生命の違いすらのりこえながらも、ともに寄り添い生きていく者たち。それが、「伴侶種」だ。ハラウェイは書いている。「わたしはついに、サイボーグを伴侶種という、ずっと大規模で風変わり(クィア)な家族の年少のきょうだいとみなすようになった」と。

つまり、サイボーグであれ、霊長類であれ、実験動物であれ、これまで彼女が全力を傾けて向き合ってきたものたちは皆、「伴侶種」と呼ばれるべき存在であった。そして、これら「伴侶種」によって構成された彼女の擬似家族は、往々にして、社会からは「風変わり(クィア)」と呼ばれ、搾取の対象とされるだろう。このとき、いかなる状況下にあろうとも、彼ら「伴侶種」の側に立とうとするハラウェイは、自分の擬似家族たちをあえて「クィア」と呼んでみせる。そう、それはまさしく、ハラウェイ流の、「模倣とからかい」の典型的なアティテュードなのであった。

2　愛とトレーニング

模倣とからかいに満ちたハラウェイの思想は、生真面目さとしなやかさを兼ね備える。本書でも確認されるように、フェミニズムとは、過度に「女性的（フェミニン）」であったり、「暴力的（バイオレント）」であったりする必要はない。「フェミニストが探究するのはむしろ、」と、彼女は言う。「物事がどのように動き、誰が行動（アクション）のなかにいて、何が可能なのかということ。どうしたら現実世界のアクターたちが少しでも非暴力的なかたちで相互に説明責任を果たし、愛しあうことができるか、ということなのだ」。

非暴力、説明責任、愛。ハラウェイの提示するこれら普遍的な主題を前にして、あらためて思い起こされるのは、『伴侶種宣言』が、あの九・一一をまたいで執筆されたということだろう。そして、本書が刊行された二〇〇三年は、ジョージ・W・ブッシュ政権下のアメリカ合衆国が、多国籍軍とともにイラクへと侵攻した年でもあった。ハラウェイは警告する。「現代は、水に根ざした地球上の全生命の炭素収支政治のなかで、これまで生に値するよう成長してきた自然‐文化を、二次的な茂み（ブッシュ）が駆逐してしまうおそれのある時代である」と。

だが、本書における「ブッシュ」への言及は、シニアであれジュニアであれ、これが最初で最後である。かつて、レーガン政権下のスターウォーズ計画に対する、鋭敏な反応として書かれた「サイボーグ宣言」では、冒頭から、その目的が「皮肉(アイロニック)な政治神話」の構築であると明記されていた。けれども、『伴侶種宣言』では、アイロニーには、もはやさほどの効果は期待されることがない。ハラウェイ自身の総括によれば、旧宣言の根幹をなしているのは「皮肉な奪用(appropriation)の精神」であったが、一方で、新宣言の基礎をなすのは、「共棲(co-habitation)や共進化(co-evolution)、そして具体化された異種間社会性」なのである。憎しみと拒絶の言葉ばかりが声高に叫ばれる時代にあって、思想はいかにして、「非暴力的なかたちで相互に説明責任を果たし、愛しあうこと」の探究にかまけることができるのか。ハラウェイの二度目の宣誓とは、つまりは、その探究を、あえて「犬にかまける」ことにより成し遂げようとするものなのだった。

じつのところ、本書には、彼女以外にも多くの「犬にかまけた者」たちが登場する。グレート・ピレニーズ種のカリスマ的ブリーダー、リンダ・ワイザー。牧羊犬トレーナーにして作家のドナルド・マッケイグ。アジリティー競技のエキスパート、スーザン・ギャレット。そして、「いまだにポジティブ・トレーニング理論の支持者にとって、肉球に刺さった鋭い棘でありつづけている」という、言語哲学者のヴィッキー・ハーン。ここには、互いに相いれない思想の持ち主もいるけれど、これら「犬にかまけた者」たちについて、ハラウェイが重要な共通点として挙げているのが、彼らがいずれも、犬という他者を、自己の投影として見ることがないという事実である。

他者や自己を知ることはできないのであって、関係性のなかに誰が、何が、出現してきているのかを、つねに敬意をもって問わなければならないという認識が鍵になる。どんな種（しゅ）であっても、真に愛しあう者たちはそうしなければならないのだ。

ここでもまた、問題となるのは、「愛」である。愛とはつまり、自己を知り、他者を知り、そして互いを知ることだろう……という思いこみが、じつは、この『伴侶種宣言』で語られるべき「愛」の本質とはまったく無関係のものであるということを、ハラウェイは、自分以外の「犬にかまけた者」たちの仕事から導き出そうとしているのだ。

このとき、居並ぶ論客のなかでも、流行の行動主義トレーナーたちに尻尾を振ることなく、動物の権利をめぐっても、頑なまでにその間違いを指摘し続けた言語哲学者のハーンについてのハラウェイの分析（「荒々しい美しさ」）は、伴侶種をめぐるやっかいな言説の障害物に立ち向かう、思想のアジリティーのごとき様相を呈している。ハーンと自分のあいだの距離を正確にはかりつつ、そこに生まれるもうひとつのヴィジョンを私たちに届けようとするハラウェイは、その果てに、「彼女にとって、顔と顔をつきあわせた伴侶動物との関係性は、何か新しく優雅なものを可能にしている」と結論する。そして、続く章をハーンへの手紙というかたちで始めてみせるや、そこに「アジリティー修業」という、実感のこもったタイトルを付与してみせるのだった。

一九七八年、ロンドンのドッグショーで初めて実演されたというアジリティーは、本書が刊行された時点で、その誕生からわずか四半世紀を迎えたに過ぎない。けれども、ハラウェイはそこに、ハーンが心血を注いだドッグ・オビディエンス以来の伝統たる「愛の名にふさわしい関係性」――すなわち、「トレーニング」という営為の、ひとつの理想を見ている。

何者かを愛し、心身を捧げ、その者とともに技術を磨きたいと熱望する気持ちは、ゼロ・サム・ゲームではない。ヴィッキー・ハーンがいう意味でのトレーニングのような愛の行為は、それに連結された他の、創発＝出現しつつある諸世界を気にかけ、それらを大切におもうような愛の行為を生み出して(ブリード)いく。それがわたしの伴侶種宣言の中核にほかならない。わたしは経験上、アジリティーがそれ自体として特別な良さをもっているとおもうし、より現実世界的に生成する（to become more worldly）方法でもあるとおもう。

ハラウェイの「愛の物語」は、従来ならばその「愛」を享受したり、あるいは、その「愛」を成就しようと願ったりする者たちを、あえて背景に追いやっていく。このとき、代わりに前景化されていくのが「関係性」で、本質的に不可視なものであるそれは、トレーニングやアジリティーといった「ゲーム」をとおして、私たちの前に姿をあらわす。イギリスの数学者にして哲学者である、アルフレッド・ノース・ホワイトヘッドの考えを（彼への「愛」の告白を忘れずに添えつつ）参照するハラウェイは、「諸存在は相互の係わりあい（relatings）に先んじて存在しえない」という思想を、「ゲーム」によって（再）構成される諸存在、というかたちにパラフレーズしてみせるのだ。

3　ゲーム・ストーリーズ

それにしても、「関係性」を主役とするような物語――すなわち、「ゲーム」それ自体を主役とするような物語は、いったいいかにして記述され得るのだろうか。ハラウェイはここで、「スポーツ記者の娘」というみずからのアイデンティティを最大限に活かそうと考える。父に対する郷愁の念をいささかも隠そうとはせずに、ハラウェイは、みずからが取り組もうとする倒錯的な

「愛の物語」のスタイルを、父が好んだ「試合の記事（ゲーム・ストーリーズ）」の延長線上に位置づけられるべきものと決めたのだ。

> スポーツ記者の仕事というのは、少なくとも昔は、ゲームの物語（ストーリー）をレポートすることであった。わたしがそれを知っているのは、子どものころ、夜遅くマイナーリーグ3Aの野球チーム、デンヴァー・ベアーズの球場の記者席に座って、父が試合の記事（ゲーム・ストーリーズ）を書いて送るのを見ていたからである。（中略）わたしの父はスポーツ・コラムを持ちたがらなかった。新聞業界ではコラムの方が格上とされるものだが、父が書きたかったのはゲーム・ストーリーの方だったからだ。スキャンダルを探したり、コラムというメタ・ストーリーのために特別な視点を探したりするよりも、行動（アクション）にぴったりくっつき、行動をそのまま伝えることをしたかったのである。父の信念は、事実と物語が共棲するゲームにあった。

引用に示された「スポーツ・コラム（メタ・ストーリー）」と「ゲーム・ストーリー」の対比は、両者の格付けともあいまって、じつに示唆的だ。たとえば、「あの選手はこのような状況下で、なぜそのような活躍をみせることができたのか？」という疑問に答えることは、ゲームそのものを注視しているだけでは不可能である。メタ・ストーリーを書く者は、事前の下調べはもちろんのこと、事後的なリサーチを加味することで、選手や監督といった主役たちが、あたかも、あらかじめそうなるように構成されていたかのような物語を著わそうとする。だから、メタ・ストーリーに再現されるゲームは、ともすれば、その一回性の価値を見落とされ、あたかも平均値をとるために何度となく繰り返される、科学実験のごときものへと堕すかもしれない。

しかしながら、そうしたメタな視点を採用せずに、ゲーム内にあらわれる「行動」の連鎖をつぶさに追いかけていった者の目には、反対に、そのゲームの一回性こそが、ゲームを楽しむほとんど唯一の価値であるように映るだろう。つまり、あえてメタ・ゲームを放棄し、生々しい偶然性に支配されたゲーム・ストーリーに執着することで、私たちは、その「関係性（ゲーム）」のなかで、選手や監督の存在そのものが「分解され、組み立てられる」瞬間に立ち会うことができるようになるのである。

自己の確かさや人間中心主義的（ヒューマニスト）イデオロギーや有機体論的イデオロギーを頼りにしていては、倫理学にも政治学にも、ましてや個人的経験にはとてもたどりつけない、そのような過程（プロセス）において、人間の身体も非人間の身体も、分解され、組み立てられるのだ。

これは、環境学者カリス・トンプソンの提唱する「存在論的コレオグラフィー」を解説した、本書のなかのハラウェイの言葉である。それは決して、「スポーツ記者の娘のノート」のなかに記された言葉ではないけれど、私たちはここに、ひとりの著述家たるハラウェイが探究し続ける、「愛の物語（ゲーム・ストーリーズ）」の理想を垣間見ずにはいられない。

4 「関係性」という物語たち

二〇〇八年、ハラウェイは、四百頁を超える著書『犬と人が出会うとき――異種協働のポリティクス』を発表した。これを『伴侶種宣言』の拡大版とみなすとき、その最大の読みどころは、トレーニングやアジリティーという可視化された「関係性」のみならず、家畜やクローン動物など、私たち人間との「関係性」が必ずしも「愛」の名で呼ばれ得ない伴侶種たちにも、多くの議論が費やされている点があげられる。

だが一方で、これを『伴侶種宣言』刊行以後の「過程（プロセス）」を記録した、ハラウェイによる自己調整（フィードバック）の結果とみなすならば、どうだろうか。たとえば、『伴侶種宣言』の冒頭部分が挿入された『犬と人が出会うとき』の第I部には、こんな一文が書き添えられている。「私は、ポスト・フェミニストになりたいと思ったことがないのと同様、ポスト人間やポスト・ヒューマニストになりたいと思ったこともない」（高橋さきの訳、以下同）。はたして、「伴侶種」をめぐる自分の仕事は、他の先端的な思想活動と、どのような「関係性」を保つべきなのか。ここには、パンフレットサイズの『伴侶種宣言』が、その量的なシンプルさゆえに誤解され、かつ、その議論の質的な複雑さゆえに批判されもしてきたという、宣言が受容される「過程（プロセス）」をめぐっての、ハラウェイ自身の思想的葛藤の痕跡を確認することができるだろう。

あるいは、「スポーツ記者の娘」としてのハラウェイは、これら二つの著書のあいだで、父フランク・ハラウェイの死を経験している。『伴侶種宣言』のなかでも、特別な愛の対象として描かれていた父親の死は、いったいどのようなかたちで、ハラウェイの「物語」にフィードバックされていったのだろうか。

しかし、試合は続行できなくなった。肺炎になって、治療はしないことにしたのである。父は、逝くことにした。どうやっても、意味あるかたちで試合をつづけられなくなったと判断したからである。父の試合の物語は、ファイルにしまわれた。父の机のうえのプラスチック製の写真立てには、ライバル紙のロッキー・マウンテン・ニュースのロゴのついた付箋が貼られて、そこには、我々に向けて、父の最後の試合についての物語が鉛筆で書いてあった。「神の思し召しで、大好きな試合に出かけられなくなったら、あとは、家族を愛し、人々を愛し、自分が見たことを書いてお金をいただくスポーツ愛好家だった幸せな人間としておぼえていてくれればいい」。（『犬と人が出会うとき』）

ハラウェイはここに、二〇〇五年に他界した父親の、「最後の物語」を転載している。それはまぎれもない、父から家族に贈られた「愛の物語」であり、これをみずからのテクストに埋め込んでみせたとき、ハラウェイの「物語」は、父‐娘の「関係性」そのものへと姿をかえた。ハラウェイは書く、『「からだ」と私たちが呼んでいる結び目のようなものが、未完成のまま、ほどけてしまったのである。父は、ほどけてしまった。だからこそ、記憶のなかで結わえつづけなくてはならない」と（同上）。

結局のところ、『犬と人が出会うとき』とは、『伴侶種宣言』からほどけてしまった何かを、彼女自身の手によってふたたび結わえようとする、もうひとつの「物語」だったのだろう。だからこそ、このふたつの著作の連続性とは、その「物語」がどこまでも「関係性」を探究していることに求められる。このとき、「関係性」とは「ゲーム」であり、「ゲーム」とは「物語」だ。これらはすべて「愛」の別名で、しかも、ハラウェイは語ることをやめない。

＊

犬にかまけ、愛に、かまける。

ハラウェイの「愛の物語」において、物語は、語り手によって生み出されるわけではない。そうではなく、物語という「関係性」こそが、語り手の身体を、結果的に生み出していく。私たちもまた、彼女の物語に耳を傾け続けるかぎりにおいて、この「関係性」＝「ゲーム」＝「物語」の一プレーヤーとして「分解され、組み立てられる」。その「過程（プロセス）」は、文字どおりに果てしなく、ゲームセットの一言は、ついに誰の口からも発せられることがない。あるとすれば、それは高らかなプレイボールのかけ声で、その鮮烈なハラウェイの叫びは、今もまだ、本書『伴侶種宣言』のなかに響き渡っているのだ。

訳者あとがき

永野文香

本書はDonna Haraway, *The Companion Species Manifesto: Dogs, People, and Significant Otherness* (Chicago: Prickly Paradigm, 2003) の全訳である。

ハラウェイが、現代にパンフレット文学を復活させるというふれこみの小さな出版社から自身ふたつめとなる「宣言」を刊行したとき、読書界にかすかな困惑が広がったのは、無理からぬことだったかもしれない。ご覧のとおり、『伴侶種宣言』は重厚な事象研究と厳密な理論で知られるハラウェイにしてはずいぶんあっさりした小冊子だし、文体ひとつとっても、彼女を世界的に有名にした「サイボーグ宣言」のあの難解で痛烈なアイロニーはあとかたもなく消えて、代わりに、ごくごく親密でまっすぐな声が響いている。おまけに、テーマはありふれた犬なのだ。しかし、すでに本文と解説をお読みになった方にはおわかりのように、『伴侶種宣言』におけるハラウェイの率直さは、彼女の思想にたしかに裏打ちされつつも、それをまるごと再編成する側面をもっている。わたしたちは『伴侶種宣言』を経ることで、ハラウェイの仕事に棲みついている、あの不思議な存在者たちについて、より明確に考えることができるようになるのかもしれない。

ハラウェイの批評行為が風変わりな存在をめぐって展開されてきたことはよく知られている。やや乱暴にまとめるなら、それは人（マン）＝男を主人公とした男性中心主義的な神話が拠って立つ、二分法的なカテゴリーの境界を「内破」してしまう者たちである。たとえば、サイボーグは機械／有機体の、霊長類は猿／人間の、オンコマウス™は自然／労働の「境界生物」だった。なかでもサイボーグは、情報技術の発展を背景として出現した機械と有機体の融合体であり、交換可能かつ可動的なパーツをもった、可変的な主体の形象として、一九八〇年代以降のフェミニズム理論に大きなインスピレーションを与えた。マリアン・ディコーヴェンによれば、「サイボーグ宣言」は、その徹底的な反本質主義と反人間中心主義によって、「女性的なるもの（フェミニン）」をここではないどこかに見つけ出そうとしていた従来の「ユートピア的フェミニズム理論の終焉」と、新たな「ポストモダン・フェミニズム理論の胚胎」を告げるものだった。[*1] サイボーグは、先進世界アカデミアのフェミニズムのいう「女性性」に対して批判的な視座をしめすことができた点で、同時期に出現した、人種／階級／エスニシティの問題に深く関与するフェミニズムや、クィア理論、

＊1　Marianne DeKoven, "*Jouissance*, Cyborgs, and Companion Species: Feminist Experiment," *PMLA* 121.5 (2006): 1694.

ポストコロニアリズムとも、たしかに共振していた。だが、そのサイボーグは、サイボーグ的技術自体が主流化してしまった第三千年紀において抵抗的形象としての真実味を失い、批評的な役割を十分に果たせなくなったとハラウェイはいう。[*2] それゆえ、ふたつめの宣言である『伴侶種宣言』のなかで、ハラウェイは「重要な他者性」をつうじて相互構成される「伴侶種」という親族カテゴリーを手作りし、そのなかへサイボーグを編入するのである。「わたしはついに、サイボーグを伴侶種という、ずっと大規模で風変わり(クィア)な家族の年少のきょうだいとみなすようになった」と(本書「伴侶たち」参照)。

さて、この「伴侶種」においてはつねに動的な関係性――「抱握」、存在論的コレオグラフィー、ダンス、「猫のゆりかご」――が主役になるが、前出のディコーヴェンは、ハラウェイの「伴侶種」カテゴリーが「倫理学的転回(an ethical turn)」を迎えた二〇〇〇年代初頭の批評的コンテクストに沿ったものであることを看破している。同時多発テロからアフガニスタン侵攻、イラク戦争へと向かった時期に、トラウマ理論やエコクリティシズムが批評的成果をあげたのも、こうした流れと無縁ではない。この文脈において「他者」とはレヴィナス的な他者――「絶対的かつ不可知な差異」を有し、「我々に倫理的な説明責任を要求する」者――として定義しなおされるが、『伴侶種宣言』における犬も、まさにそうした根本的な「他者」として登場している(ディコーヴェン前掲一九六四頁)。ハラウェイは同時期のインタビューで「犬がわたしたちではないという事実に、わたしは関心があります。つまり犬は、〈わたしたちではないもの〉を形象化するのです」と述べている(「I サイボーグ、コヨーテ、そして犬」邦訳二三五頁)。犬は人間の自己投影やファンタジーではない。犬は「重要な他者性」を帯びた、ひとつの「異世界」だ。それは、いにしえから人類と共棲し、共進化してきた伴侶種であり、かつ、わたしたちの目の前にいる、歴史的に特異(スペシフィック)で、具体的な肉体と記号性をもった種(スピーシーズ)なのである。しかも、その関係は人間が犬を家畜化したという一方的なものではなく、共棲にむけて最初にはたらきかけたのはむしろ犬のほうだった可能性があることも証明されてきている。その意味で、犬との共進化は「文化」が「自然」を克服するといった、伝統的な「人=男」中心の物語を問い直し、代わりに「自然-文化」の諸層を明るみに出すのである(本書「進化の物語」参照)。犬という「重要な他者」の歴史とまじめに取り組むことは、こうしてフェミニストたちが検討してきた問題系をふたたび浮き彫りにす

＊2　サイボーグの批評的意義について以下のインタビューを参照。Donna Haraway, "Cyborgs, Coyotes, and Dogs: A Kinship of Feminist Figurations," An Interview with Donna Haraway by Nina Lykke, et al., in *The Haraway Reader* (New York: Routledge, 2004) 321-32〔高橋透・北村有紀子訳「I サイボーグ、コヨーテ、そして犬——フェミニズム的形姿の血縁関係」『サイボーグ・ダイアローグズ』二〇九〜二一七頁〕。

る。

とはいえ、『伴侶種宣言』を魅力的にしているのは、なによりもハラウェイの率直な声であり、彼女の犬に対する「愛」である。もちろん犬が特別なわけではないことはハラウェイも明言している。「興味深いボーダーランドを開くのは、なんであれ、あなたが大切に思っているものと、あなたが切り結ぶ関係性そのものなのです」と。*3 我々が完全に知ることのできない、しかし、愛してやまない他者――その「重要な他者性」――に注意を傾け、刻々と複雑化する関係性を受けとめ、その関係性が引き連れてくる歴史を継承し、ともに生きていくこと。それがハラウェイ流の倫理の要点だといえるだろう。だからこそ、日々の実践のなかでそうした倫理にコミットしている人びとに、ハラウェイは敬意を惜しまないし、そうした人びとが泥だらけになりながら身につけてきた知がアカデミアの専門知をも凌駕しうることに快哉を叫ぶのだ（本書「グレート・ピレニーズ」参照）。専門家と非専門家の知を差別化せず、理論と実践、思想と体験の両方を尊重することで、ハラウェイは犬の「自然‐文化」のエスノグラフィーを編み上げる。それは「原理上、永久に進行中」のプロジェクトであり、本書の拡大版『犬と人が出会うとき』（二〇〇八）をも越えて、さらに実践されていくのだろう。

＊＊＊

訳者としてハラウェイに伴走することは、たいへん難しく苦しい作業だった。肉体の記号性と記号の肉体性を主張するハラウェイの文体は、当然ながら、テクストが書かれた英語という言語体系とその歴史的特異性に深く根ざしていて、日本語へ完全に移植＝翻訳することはできない。苦肉の策として、ルビや記号の補助を借りなければならなかった箇所もあるが、そこからハラウェイの使う言語の多層性を感じていただけたなら幸いである。なお、訳出にあたっては既訳から多くを教えていただいたことを記して感謝したい。また、読者の便宜のため、この翻訳には原書にはない注を付していることをお断りする。

なんとかここまでたどりつけたのは、波戸岡景太さんのおかげである。親切なわたしのトレーナーは、この仕事をやってみるよう背を押してくれただけでなく、折りにふれて惜しみなく励まし、そのうえ本書のためにきわめて風通しの良い解説まで寄せてくださった。心から御礼申し上

＊3　"Conversations with Donna Haraway" (2003) in Joseph Schneider, *Donna Haraway: Live Theory* (New York: Continuum, 2005) 115.

げる。

以文社の宮田仁さんは〆切に遅れがちな訳者に辛抱づよくつきあい、つねに迅速かつ的確に応答してくださった。本書にいくらかの読みやすさがあるとしたら、それは宮田さんが内容や表記のみならず、本文レイアウトにかんしても細心の注意を払って編集の労をとってくださったからにほかならない。

翻訳作業から生じるさまざまな不都合に耐え、訳文に対するもっとも本質的で遠慮のない批判を与えてくれたのは、わたしのつれあいである。だが、もしゆるされるなら、この訳を死すべき運命に全力で取り組んだ、ひとりのかけがえのない友人に捧げたい。彼女の闘病を見守りながら、ハラウェイを日本語に移植する、祈りにも似た日々のうちに、わたしは生きることをまた少し学んだ。

二〇一三年十月

訳者

著者 ダナ・ハラウェイ（Donna Haraway）
1944年生まれ。コロラド州デンヴァー出身。1972年，イェール大学にて生物学の博士号を取得。ハワイ大学，ジョンズ・ホプキンス大学で教鞭をとり，1980年，カリフォルニア大学サンタクルーズ校人文科学学部意識史課程教授に就任。文理融合型のフェミニズム理論を推進する。現在，同大学特別名誉教授。主な著書に，『霊長類的ヴィジョン』（*Primate Visions: Gender, Race, and Nature in the World of Modern Science*. Routledge, 1989. 邦訳，以文社より近刊予定），『猿と女とサイボーグ――自然の再発明』（*Simians, Cyborgs and Women: The Reinvention of Nature*. Routledge, 1991. 邦訳，高橋さきの訳，青土社，2000年），『犬と人が出会うとき――異種協働のポリティクス』（*When Species Meet*. U of Minnesota P, 2008. 邦訳，高橋さきの訳，青土社，2013年）がある。また，インタヴュー集として『サイボーグ・ダイアローグズ』（*How Like a Leaf: An Interview with Thyrza Nichols Goodeve*. Routledge, 2000. 邦訳，高橋透・北村有紀子訳，水声社，2007年。本編未収録のインタヴュー含む）が，日本語版オリジナルの共著として『サイボーグ・フェミニズム』（巽孝之編，巽孝之・小谷真理訳，トレヴィル，1991年／増補版，水声社，2001年）がある。

訳者 永野文香（ながの　ふみか）
1976年生まれ。慶應義塾大学大学院文学研究科英米文学専攻後期博士課程修了。博士（文学）。2005-06年，米国ラトガース大学ニューアーク校客員研究員。2008-12年，日本学術振興会特別研究員。共著に *Kurt Vonnegut* (Bloom's Modern Critical Views, Facts on File, 2008),『現代作家ガイド　カート・ヴォネガット』（彩流社）。

解説 波戸岡景太（はとおか　けいた）
1977年生まれ。慶應義塾大学大学院文学研究科英米文学専攻後期博士課程修了。博士（文学）。現在，明治大学大学院理工学研究科新領域創造専攻ディジタルコンテンツ系准教授。著書に『動物とは「誰」か？　文学・詩学・社会学との対話』，『ピンチョンの動物園』，『コンテンツ批評に未来はあるか』（以上，水声社），『ラノベのなかの現代日本――ポップ／ぼっち／ノスタルジア』（講談社現代新書）。

伴侶種宣言――犬と人の「重要な他者性」

2013年11月28日　第1刷発行
2023年 7月31日　第3刷発行

著　者　ダナ・ハラウェイ
訳　者　永野文香
発行者　前瀬宗祐
発行所　以文社
〒101-0051 東京都千代田区神田神保町 2-12
TEL 03-6272-6536　　FAX 03-6272-6538
印刷・製本：シナノ書籍印刷

ISBN978-4-7531-0317-1